一流学科教材

物 理

等离子体物理导论

INTRODUCTION TO PLASMA PHYSICS

刘万东　编著

中国科学技术大学出版社

内 容 简 介

本书以较小的篇幅介绍了等离子体物理的基本内容。全书的铺陈借用了磁约束聚变等离子体物理的常规叙事方式,即在等离子体概念引入之后,开始介绍单粒子与磁流体两种等离子体描述方法及基本性质,然后分别阐述等离子体波动与等离子体不稳定性这两类最典型的等离子体集体运动,最后是有选择地介绍库仑碰撞、双极扩散、鞘层、朗道阻尼等几个最具特色的等离子体物理基础概念。本书著述的宗旨是由点带面,以简驭繁,先一般后特殊,力求物理概念明确,数学推导简洁,尽量注重内容的关联性、系统性与可理解性,请读者雅鉴。

本书可作为大学物理系本科生及相关学科研究生的教学用书,也适合作为对等离子体物理或等离子体科学与技术有兴趣者的入门读物。

图书在版编目(CIP)数据

等离子体物理导论/刘万东编著.—合肥:中国科学技术大学出版社,2023.1
ISBN 978-7-312-05443-3

Ⅰ.等…　Ⅱ.刘…　Ⅲ.等离子体物理学—教材　Ⅳ.O53

中国国家版本馆 CIP 数据核字(2022)第 095856 号

等离子体物理导论
DENGLIZITI WULI DAOLUN

出版　中国科学技术大学出版社
安徽省合肥市金寨路 96 号,230026
http://www.press.ustc.edu.cn
https://zgkxjsdxcbs.tmall.com

印刷　安徽国文彩印有限公司

发行　中国科学技术大学出版社

开本　787 mm×1092 mm　1/16

印张　9

字数　163 千

版次　2023 年 1 月第 1 版

印次　2023 年 1 月第 1 次印刷

定价　36.00 元

序

完成《等离子体物理导论》这本讲义，是我多年的夙愿。在近代物理系1999级100余名听课及不听课同学的催促和鼓励下，自本学期开始时起，见缝插针，辜负良多，终于完成了这一稿。

这本书的初稿起于1995年酷暑，斯时我首次准备主讲此课，在框架的构建和内容的选取上踌躇良久，最终选择了这6章内容，取案台之精华，揉入胸腹之情感，遂成。尽管用它给等离子体物理专业1992级、1993级同学及相关的研究生作了讲授和演义，近几年来也对等离子体有了新的体会，但仍然不尽如意，甚至第6章的名目仍然悬而待决。

等离子体物理是一门基础物理课程。它在根本的理论体系上并没有独立的创新的特点，它依赖于电动力学、统计物理所给出的基本物理框架，甚至在很多情况下，至少在基础课程体系内，还属于经典物理的范畴。然而，它所面对的对象几乎是宇宙的全部、人类活动的主要能区，其重要性不言而喻。等离子体物理课程涉及等离子体的基本现象，尽管物理框架的基石不能更改，但等离子体物理这一在物理基石上所建筑的大厦已经形成了新的文化。等离子体物理对物理问题的许多处理方法，尤其是涉及集体相互作用及现象方面，对物理学甚至是其他科学都不乏借鉴之内涵。

我经常将等离子体人格化，她的许多表现酷似人类，常常不需要牵强地联想，就可以用我们日常的经验，甚至是我们内心的感受来理解她的行为。等离子体中的两性，相互独立又相互扶持，平和时若即若离，逃逸时则携手并肩。等离子体中的相互作用，长则绵绵，短则眈眈，远可及周天之外，近可抵唇齿之间。等离子体的集体行为，自由与束缚兼得，温和与暴虐并存。等离子体的自洽禀性,可以欺之以妩媚,不可催之以强蛮,若以力,人人奋愤可兵;以弱,则诺诺列队而从。如此以陈,等离子体的每一个秉性都值得我们用诗一般的语言来渲染。电子离子,以其简洁的库仑作用,本不堪言,然一成群体,即如此绚丽,何况人乎?

先贤诫曰:人之患在好为人师,我虽常以自警,然位在此不得不为之。此讲义一出,是为邀师,诚盼无论学生、先生,不吝赐教,纠我一误惠我十分并及来者,切切。

刘万东谨启

二零零二年六月八日于梦园

目　　录

序 ………………………………………………………………………… (ⅰ)

第 1 章　引言 ………………………………………………………… (1)

1.1　等离子体的基本概念 ………………………………………… (1)

1.1.1　等离子体的定义 ………………………………………… (1)

1.1.2　等离子体的参数空间 …………………………………… (3)

1.1.3　等离子体的描述方法 …………………………………… (3)

1.2　等离子体重要特征和参量 …………………………………… (5)

1.2.1　德拜屏蔽和等离子体空间尺度 ………………………… (5)

1.2.2　等离子体特征响应时间 ………………………………… (7)

1.2.3　等离子体判据 …………………………………………… (8)

1.2.4　等离子体概念的推广 …………………………………… (9)

1.3　等离子体物理发展简史及研究领域 ………………………… (10)

1.3.1　等离子体物理发展简史 ………………………………… (10)

1.3.2　等离子体物理主要研究领域 …………………………… (11)

思考题 ………………………………………………………………… (13)

练习题 ………………………………………………………………… (14)

第 2 章　单粒子运动 ………………………………………………… (16)

2.1　回旋运动与漂移运动 ………………………………………… (16)

2.1.1　均匀恒定磁场中的回旋运动 …………………………… (16)

2.1.2　均匀电场的影响，$\boldsymbol{E}\times\boldsymbol{B}$ 漂移 ………………………… (18)

2.1.3　重力漂移 ………………………………………………… (19)

2.2 非均匀磁场的影响和导向中心近似 …… (20)
2.2.1 梯度漂移 …… (20)
2.2.2 曲率漂移 …… (23)
2.3 非均匀电场 …… (25)
2.4 渐变电场的影响 …… (26)
2.5 高频电磁场的作用与有质动力 …… (27)
2.6 绝热不变量 …… (29)
2.6.1 磁矩不变量 …… (30)
2.6.2 纵向不变量 …… (30)
2.6.3 磁通不变量 …… (31)
思考题 …… (31)
练习题 …… (32)

第3章 磁流体 …… (34)
3.1 磁流体运动方程组 …… (35)
3.1.1 普通流体动力学方程组 …… (35)
3.1.2 洛伦兹力与麦克斯韦方程组 …… (36)
3.1.3 磁流体封闭方程组 …… (37)
3.2 磁流体平衡 …… (38)
3.2.1 磁流体力的平衡条件 …… (38)
3.2.2 磁压强和磁张力 …… (39)
3.2.3 等离子体比压 …… (40)
3.3 等离子体中的磁场冻结和扩散 …… (41)
3.3.1 磁场运动方程与磁雷诺数 …… (42)
3.3.2 磁场扩散 …… (42)
3.3.3 磁场冻结 …… (44)
3.4 双流体方程与广义欧姆定律 …… (46)
3.4.1 双流体方程 …… (46)
3.4.2 广义欧姆定律 …… (47)
思考题 …… (49)
练习题 …… (50)

第4章 等离子体中的波动现象 …… (52)
4.1 线性波色散关系获取方法 …… (52)
4.1.1 方程的线性化 …… (53)
4.1.2 求本征波动模式 …… (54)
4.1.3 求本征模式的特性 …… (54)
4.2 冷等离子体中的线性波 …… (55)
4.2.1 电介质中波色散关系之一般形式 …… (56)
4.2.2 冷等离子体的介电常数 …… (57)
4.2.3 冷等离子体波 …… (60)
4.3 低频近似和阿尔芬波 …… (65)
4.3.1 阿尔芬波色散关系 …… (65)
4.3.2 阿尔芬波的扰动图像 …… (66)
4.3.3 剪切阿尔芬波 …… (66)
4.3.4 压缩阿尔芬波 …… (68)
4.4 平行于磁场的磁流体线性波 …… (69)
4.4.1 平行于磁场传播的波之色散关系 …… (69)
4.4.2 朗缪尔振荡 …… (69)
4.4.3 右旋偏振波 …… (70)
4.4.4 左旋偏振波 …… (73)
4.4.5 法拉第旋转 …… (74)
4.5 垂直于磁场方向的磁流体线性波 …… (75)
4.5.1 垂直于磁场传播的波之色散关系 …… (75)
4.5.2 寻常波 …… (75)
4.5.3 异常波 …… (77)
4.6 冷等离子体波的热效应修正 …… (79)
4.6.1 考虑热效应时波的色散关系 …… (79)
4.6.2 无磁场等离子体近似 …… (81)
4.6.3 磁声波 …… (84)
4.6.4 杂混共振频率处的静电波 …… (86)
4.6.5 静电离子回旋波 …… (87)
4.7 漂移波 …… (88)
4.7.1 密度梯度存在时流体线性化方程 …… (88)

4.7.2 静电漂移波 …… (89)
思考题 …… (92)
练习题 …… (92)

第5章 等离子体不稳定性 …… (94)
5.1 等离子体不稳定性概述 …… (94)
5.2 瑞利-泰勒不稳定性 …… (96)
5.2.1 不稳定性机制与图像 …… (96)
5.2.2 简正模分析 …… (97)
5.2.3 交换不稳定性 …… (99)
5.3 螺旋不稳定性 …… (101)
5.3.1 不稳定性机制与图像 …… (101)
5.3.2 色散关系 …… (101)
5.3.3 模式分析 …… (104)
5.4 束不稳定性 …… (106)
5.4.1 色散关系 …… (106)
5.4.2 电子束-等离子体不稳定性 …… (107)
5.4.3 二电子川流不稳定性 …… (109)
思考题 …… (109)
练习题 …… (110)

第6章 几个重要的等离子体概念 …… (111)
6.1 库仑碰撞与特征碰撞频率 …… (111)
6.1.1 两体的库仑碰撞 …… (112)
6.1.2 库仑碰撞频率 …… (114)
6.2 等离子体中的扩散与双极扩散 …… (115)
6.2.1 无磁场时扩散参量 …… (115)
6.2.2 双极扩散 …… (116)
6.2.3 有磁场时的扩散系数 …… (117)
6.2.4 有磁场时的双极扩散 …… (118)
6.3 等离子体鞘层 …… (119)
6.3.1 鞘层的概念及必然性 …… (119)

6.3.2　稳定鞘层判据 …………………………………………………… (120)
6.3.3　查尔德-朗缪尔定律 ………………………………………………… (121)
6.4　朗道阻尼 ……………………………………………………………… (122)
6.4.1　弗拉索夫方程 …………………………………………………… (122)
6.4.2　朗缪尔波和朗道阻尼 …………………………………………… (123)
6.4.3　朗道阻尼的物理解释 …………………………………………… (126)
6.4.4　离子朗道阻尼与离子声不稳定性 ……………………………… (128)
6.4.5　非线性朗道阻尼 ………………………………………………… (129)
思考题 ………………………………………………………………… (129)
练习题 ………………………………………………………………… (130)

跋 ……………………………………………………………………… (131)

第1章　引　　言

1.1　等离子体的基本概念

1.1.1　等离子体的定义

我们首先给出等离子体(plasma)的定义:等离子体是由大量带电粒子组成的非束缚态宏观体系。

等离子体的基本粒子元是正负荷电的粒子,而不是其结合体,等离子体中异类带电粒子之间是相互自由和独立的。但由于粒子之间存在相互作用,所以这种自由是相对的、有条件的。每个粒子原则上可以达到任何一种状态,而能否达到则取决于体系中粒子间相互制约的情况,这一点如同人类社会中的个体一样。等离子体中粒子间的相互作用力是电磁力,电磁力是长程的,因此原则上来说,彼此相距很远的带电粒子仍然能相互"感受"得到对方的存在。由于在相互作用的力程内存在大量的粒子,这些粒子间会发生多体的、彼此自洽的相互作用,这种多体相互作用的结果使等离子体中粒子的运动行为在很大程度上表现为集体运动形式。存在集体运动是等离子体的最重要特点。

等离子体的微观基本组元是带电粒子,电磁场支配着粒子的运动,而带电粒子运动反过来又会产生电磁场,因此等离子体中粒子的运动与电磁场的运动紧密地耦合在一起,不可分割。

等离子体与固体、液体、气体一样,是物质的一种聚集状态。常规意义上的等离子体是具有一定电离度的电离气体。当气体温度升高到其粒子的热运动动能与气体的电离能可以比拟时，粒子之间通过碰撞就可以发生大量的电离过程，于是气体变成了等离子体。对于处于热力学平衡态的系统来说，提高系统的温度是获得等离子体态的唯一途径。按温度在物质聚集状态中由低向高的顺序，等离子体态是继固体、液体、气体之后，物质的第四态。

通过加热的方式，物质的四种状态之间可以发生转变，称为相变。我们不妨以水为例对四态之间的转变进行说明。在一个标准大气压下，当温度低至0℃以下时，水凝结成冰。此时物质的微观基本组元（分子）的热运动动能小于组元之间的相互作用势能，因而相互束缚，基本组元在空间的相对位置固定，这就是固体状态。当体系的温度升高至0℃以上，冰融化成水。此时，分子间的热运动能量已经与分子之间的相互作用势能相当。在体系的内部，分子基本上可以自由地移动，但在边界面上，由于存在着附加的表面束缚能，大多数分子还不具备可以克服这种表面束缚的动能，因而存在一个明显的表面，这就是液体状态。液体的流动性表明了其内部分子可以自由运动的特性。当体系的温度升高至100℃以上，水开始转化成蒸汽。分子间的热运动动能足以克服分子之间的相互作用势垒，包括表面的束缚能，分子因此变成彼此自由的个体，它们将占据最大可能占据的空间，这就是气体状态。当温度继续升高，分子间的热运动动能与分子的键能相当的时候，分子可以分解成原子。基本微观组元由分子变成原子并没有使物态发生本质的变化，仍然是气体状态。然而，当温度进一步升高，原子（分子）间的热运动动能与电离能相当的时候，气体中就会发生较多的电离过程从而变成了电离气体。电离气体除去原子、分子外，独立的离子和电子成为新的基本组元，长程的电磁力开始起作用，体系出现了全新的运动特征，这就是等离子体状态。

并非只有完全电离的气体才是等离子体，但需要有足够高电离度的电离气体才具有等离子体性质。粗略地说，当体系中带电粒子之间的相互作用效果比带电粒子与中性粒子之间相互作用的效果更重要时，这一体系就可称为等离子体。由于麦克斯韦（Maxwell）分布中高能尾部粒子的贡献，处于热力学平衡态的气体总会产生一定程度的电离，在适当的模型下，气体电离度由沙哈（M. Saha）方程给出：

$$\frac{n_{\mathrm{i}}}{n_{\mathrm{A}}} \approx 3 \times 10^{27} \frac{T^{3/2}}{n_{\mathrm{i}}} \exp\left(-\frac{E_{\mathrm{i}}}{T}\right) \tag{1.1}$$

其中，n_{i}，n_{A} 分别是离子与原子的密度；T 为温度；E_{i} 为电离能。在本书中，除非特别说明，一律采用国际单位制，但温度与能量一样，以电子伏特（eV）作单位。温度单

位的电子伏特与通常的开尔文(K)的换算关系为

$$1\ \text{eV} = 11\,600\ \text{K} \tag{1.2}$$

粗略一点,我们可以用1电子伏特与一万(开尔文)度作量级上的换算。通常情况下,气体的电离度极低,若取 $n_A = 3\times10^{25}\ \text{m}^{-3}$, $T = 0.03\ \text{eV}$, $E_i = 14.5\ \text{eV}$(氮),则可算出电离度仅为 $n_i/n_A \approx 2.5\times10^{-99}$。

1.1.2 等离子体的参数空间

宇宙中绝大多数可见的物质处于等离子体态。地球上生物,包括人类在内的生存都伴随着水。水可以存在的环境是地球文明得以进化、发展的热力学环境。这种环境远离等离子体物态普遍存在的状态,天然的等离子体只能存在于远离人群的地方,以闪电、极光的形式为人们所敬畏、赞叹。然而,由地球表面向外,等离子体是几乎所有可见物质的存在形式。大气外侧的电离层、日地空间的太阳风、太阳大气、太阳内部、星际空间、星云及星团,毫无例外的都是等离子体。

地球上,随着人类物质文明的进步,人造等离子体也越来越多地出现在我们的周围。日光灯、电弧、等离子体显示屏是等离子体在我们日常生活中可见的几个例子;等离子体刻蚀、镀膜、表面改性、喷涂、烧结、冶炼、废物处理是等离子体在现代工业界的一些典型应用;托卡马克、惯性约束聚变、核爆、高功率微波器件、离子源则是等离子体涉及高技术应用的若干方面。

与其他三种物态相比,等离子体包含的参数空间非常宽广。若以描述物态的两个基本热力学参数,密度和温度而言,已知等离子体的密度从 $10^3\ \text{m}^{-3}$ 到 $10^{33}\ \text{m}^{-3}$ 跨越了30个量级,温度从 10^2 K到 10^9 K跨越了7个量级,如图1.1所示。

1.1.3 等离子体的描述方法

尽管等离子体的参数范围十分宽广,但其描述方法基本上是一致的。在大多数情况下,等离子体是一个经典的、非相对论的体系。我们知道,量子效应只有在粒子之间间距(约 $n^{-1/3}$)与粒子物质波的德布罗意波长相当或更小时才显示出来,这对应着温度极低(10^{-2} eV)、密度达固体密度($10^{27}\ \text{m}^{-3}$)的情况。只有在等离子体中存在相对论粒子,如大功率微波器件或自由电子激光中的相对论电子束时,才需要考虑相对论效应。

对等离子体的描述可分为电磁场和宏观粒子体系两个部分。电磁场的行为由麦克斯韦方程组描述,而对宏观粒子体系则有两种描述方式:动理学模型和流体模型。

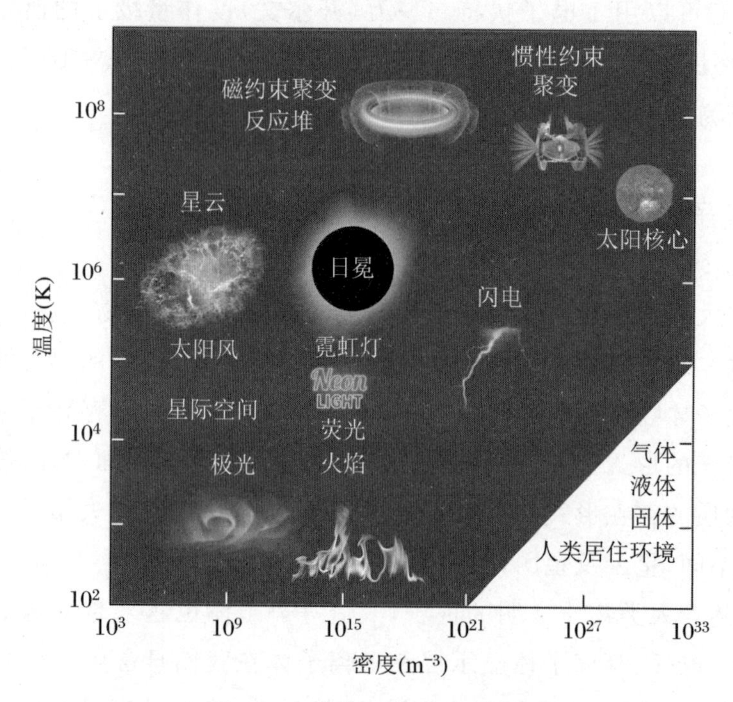

图 1.1　等离子体参数空间

在动理学模型中,宏观体系的状态由粒子分布函数 $f(\boldsymbol{x},\boldsymbol{v},t)$ 所描述,f 是由实空间和速度空间构成的六维相空间中粒子随时间演化的概率密度分布。由相空间中粒子数守恒的性质,我们可以得到 f 所应满足的动理学方程:

$$\frac{\mathrm{d}f}{\mathrm{d}t}=\frac{\partial f}{\partial t}+\boldsymbol{v}\cdot\frac{\partial f}{\partial \boldsymbol{x}}+\boldsymbol{a}\cdot\frac{\partial f}{\partial \boldsymbol{v}}=\left(\frac{\partial f}{\partial t}\right)_{\mathrm{c}} \tag{1.3}$$

这一方程称为玻尔兹曼(Boltzmann)方程。这是一种简化的表达式,它将粒子之间运动的关联都归纳于方程右边的碰撞项。碰撞项是此方程的关键项,与系统粒子之间的相互作用具体形式相关。对不同的体系或不同的研究内容,人们可以对碰撞项作不同的假设,形成各种有用的简化模型。比如弗拉索夫(Vlasov)模型,即无碰撞等离子体模型,直接令右边的碰撞项为零,但在粒子加速度中考虑了系统带电粒子本身产生的所谓自洽场的作用。由于等离子体中粒子的碰撞频率随温度上升而下降,弗拉索夫模型适合于高温等离子体。福克-普朗克(Fukker-Planck)碰撞项则考虑了两个带电粒子之间产生偏转角度较小的库仑碰撞效应。在第 6 章中我们将看到,带电粒子之间的库仑碰撞效果主要是通过小角度碰撞的累加实现的,同时由于三体以上的多体关联作用通常不十分重要,只有在致密的等离子体系统中才可能显示作用,因此福克-普朗克碰撞模型在等离子体理论和数值模拟中被广泛使用。

在流体模型中,等离子体粒子体系被视为一种电磁相互作用起主导作用的流体。这是一个自然的描述方法,是动理学描述方法的一种近似,通常称为磁流体或电磁流体力学(MHD、EMHD)。等离子体作为流体的动力学变量有:密度、温度、速度等5个变量。可用动量方程、连续性方程及状态方程(密度、温度之间的关系)来封闭求解。动量方程中所涉及的外场与自洽场由场方程即麦克斯韦方程给出,而场方程中所需的电荷及电流源项则由流体的密度和速度场提供,因此,磁流体动力学方程组包含了上述的物质运动方程及场方程。

1.2 等离子体重要特征和参量

1.2.1 德拜屏蔽和等离子体空间尺度

等离子体由“自由”的带电粒子组成,如同金属对静电场的屏蔽一样,任何试图在等离子体中建立电场的企图,都会受到等离子体的阻止,这就是等离子体的德拜(P. Debye)屏蔽效应。相应的屏蔽层称为等离子体鞘层。

设想在等离子体中插入一电极,令电极相对等离子体的电势为正值,试图在等离子体中建立电场。在这样的电场下,等离子体中电子将向电极处移动,离子则被排斥,在电极附近负电荷积累,结果将电极所引入的电场局限在一个尺度较小的鞘层中,如图1.2所示。

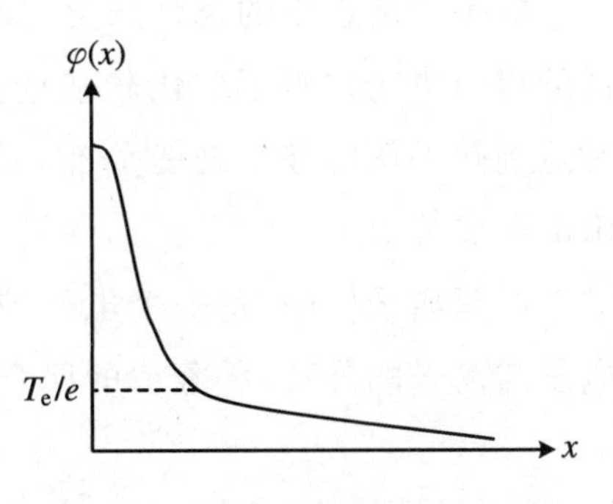

图1.2 等离子体鞘电势分布

若等离子体的温度为零,则将有足够多的电子可以无限接近于电极表面(设电极表面敷以介质,表面不收集电流,也不产生复合),屏蔽层的厚度将趋于零,电场则完全被屏蔽。但若等离子体的温度不是零,那么在屏蔽后电势满足 $e\varphi/T_e\approx1$ 的位置,大部分电子具有足够的动能,可以挣脱此势阱而逃逸出来,因而电极的电场不会被完全被屏蔽掉,有量级为 T_e/e 的电势将延伸进入等离子体中,屏蔽层的厚度也变成有限值。下面我们对这种静态的德拜屏蔽,也就是静电屏蔽过程做一个简要的分析。静电场满足泊松(Poisson)方程:

$$\nabla^2 \varphi = -\frac{e}{\varepsilon_0}(n_i - n_e) \tag{1.4}$$

式中,n_i,n_e 分别为离子和电子的数密度,在热平衡状态下,它们满足玻尔兹曼分布:

$$n_i = n_0 \exp\left(\frac{-e\varphi}{T_i}\right), \quad n_e = n_0 \exp\left(\frac{e\varphi}{T_e}\right) \tag{1.5}$$

其中,T_i,T_e 分别是离子和电子的温度;n_0 是远离扰动电场处(电势为零)的等离子体密度(电子与离子密度相等)。将式(1.5)代入泊松方程,可以得到关于电势的方程,这是一个典型的非线性方程,一般没有解析解。由式(1.5)可以看出,当 $e\varphi/T_e \gg 1$ 时,$n_e \gg n_0$,即电子将被捕获而大量积累,离子则被排空,这些电子产生的电场屏蔽了大部分的电势。如果不考虑接近于电极处电势较大的区域,只考察电势满足 $e\varphi/T_e \ll 1$ 的空间,则可以将玻尔兹曼分布作泰勒级数展开,并取线性项,于是有

$$\nabla^2 \varphi = \left(\frac{n_0 e^2}{\varepsilon_0 T_i} + \frac{n_0 e^2}{\varepsilon_0 T_e}\right)\varphi \mathrel{\widehat{=}} \frac{1}{\lambda_D^2}\varphi \tag{1.6}$$

这里,我们定义电子与离子的德拜长度 λ_{De}、λ_{Di},等离子体的德拜长度 λ_D 为

$$\lambda_{Di,e} \mathrel{\widehat{=}} \left(\frac{\varepsilon_0 T_{i,e}}{n_0 e^2}\right)^{1/2}, \quad \lambda_D \mathrel{\widehat{=}} (\lambda_{Di}^{-2} + \lambda_{De}^{-2})^{-1/2} \tag{1.7}$$

在一维情况下,方程(1.6)的解为

$$\varphi(x) = \varphi_0 \exp\left(-\frac{|x|}{\lambda_D}\right) \tag{1.8}$$

即电势将以指数衰减的形式渗透在等离子体中,等离子体屏蔽外电场的空间尺度就是式(1.7)定义的德拜长度。

静态等离子体的德拜长度,如果电子、离子两种成分中温度相差较大,则由温度低的成分决定。对于变化较快的过程,由于离子不能响应其变化,在鞘层内不能随时达到热平衡的玻尔兹曼分布,只起到常数本底作用,此时等离子体的德拜长度只由电子成分决定。

在等离子体中,每一个电子或离子都具有静电库仑势,它同样会受到邻近其他电子与离子的屏蔽,屏蔽后的库仑势为

$$\varphi(r) = \frac{q}{4\pi\varepsilon_0} \frac{\exp\left(-\frac{r}{\lambda_D}\right)}{r} \tag{1.9}$$

这种屏蔽的库仑势使带电粒子对周围粒子的直接影响(两体作用)局限于以德拜长度为半径的德拜球内。从屏蔽库仑势的形式可以看到,在等离子体中,粒子之间直接的库仑相互作用实际上变成了短程的相互作用,德拜长度就是其力程。可以粗略地认为,等离子体由很多以德拜长度为半径的德拜球组成。在德拜球内,粒子之间清晰地感受到彼此的存在,存在着以库仑碰撞为特征的两体相互作用;在德拜长度外,由于其他粒子的干扰和屏蔽,两个粒子之间直接的相互作用消失,取而代之的是由许多粒子共同参与的集体相互作用。换句话说,在等离子体中,带电粒子之间的长程库仑相互作用可以分解成两个不同的部分,其一是德拜长度距离内以两体为主的相互作用,其二是德拜长度距离以外的集体相互作用,等离子体作为新物态的最重要的原因来源于后者所体现的集体相互作用性质。

德拜长度是等离子体系统的特征长度。

1.2.2 等离子体特征响应时间

等离子体的另一个重要特征参数是等离子体的时间响应尺度。我们已经知道,等离子体能够将任何空间的(电)干扰局限在德拜长度量级的鞘层之中。显然,建立这种屏蔽需要一定的时间,我们可以用电子以平均热速度跨越鞘层空间所需要的时间作为建立一个稳定鞘层的时间尺度,这就是等离子体对外加扰动的特征响应时间,即

$$\tau_{pe} \mathrel{\widehat{=}} \frac{\lambda_{De}}{v_{Te}} = \left(\frac{\varepsilon_0 m_e}{n_0 e^2}\right)^{1/2} \tag{1.10}$$

如此估计的等离子体响应时间与等离子体集体运动的特征频率相关。如图1.3所示,若在某处($x=0$),等离子体中电子成分相对离子发生了对称的整体分离,即将$x>0$区域所有电子均向右移动ξ距离,$x<0$区域所有电子均向左移动ξ距离,这样在$-\xi<x<\xi$的区域中将出现净正电荷,形成电场,这个电场使得所有电子均受到大小相等的指向$x=0$处的静电力,因此两边的电子均向$x=0$处运动。由于惯性,两边的电子均将冲向对面,在$x=0$两边形成负电荷,其电场对电子形成恢复力,如此等离子体中电子将整体地围绕平衡位置$x=0$处进行振荡运动。忽略离子

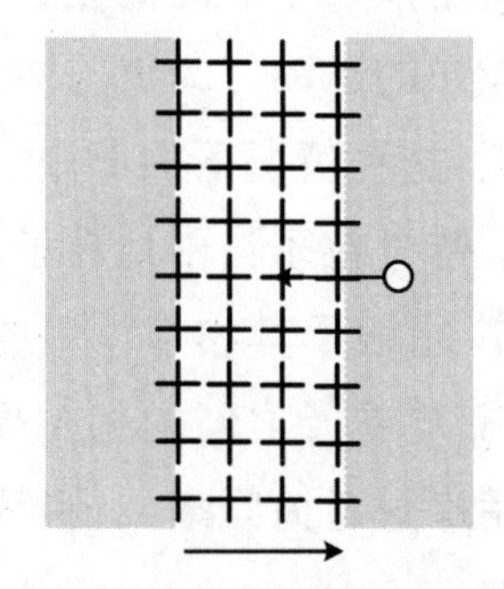

图1.3 等离子体振荡示意图

的运动,任一点(如位于 $x = x_0 + \xi$)的电子运动方程为

$$m_e \frac{d^2 \xi}{dt^2} = -eE_x = -\frac{n_0 e^2}{\varepsilon_0}\xi \tag{1.11}$$

此方程的解为简谐振荡形式。这种等离子体中存在的静电振荡模式称为朗缪尔(I. Langmuir)振荡或电子等离子体振荡,其振荡频率

$$\omega_{pe} \mathrel{\widehat{=}} \left(\frac{n_0 e^2}{\varepsilon_0 m_e}\right)^{1/2} \tag{1.12}$$

称为(电子)等离子体频率。比较式(1.10)和式(1.12)可知,等离子体频率与等离子体响应时间互为倒数。下面是值得记忆的电子等离子体频率表达式:

$$f_{pe} \mathrel{\widehat{=}} \frac{\omega_{pe}}{2\pi} \approx 9\sqrt{n_e} \tag{1.13}$$

1.2.3 等离子体判据

等离子体作为物质的一种聚集状态必须要求其空间尺度远大于德拜长度,时间尺度远大于等离子体响应时间。在这样的时空条件下,等离子体的集体相互作用起主要作用,在较大的尺度上正负电荷数量大致相当,所谓的准中性条件成立。

准中性条件曾作为判断等离子体的标准,中文"等离子体"的含义就是指正负离子相等的带电粒子系统。但事实上,即使准中性条件不成立,等离子体内部存在较强的静电场,但只要体系满足上面的时空要求,以集体相互作用为主的等离子体特征同样可以出现。

对于部分电离气体来说,体系中除带电粒子外,还存在着中性粒子。当带电粒子与中性粒子之间的相互作用强度同带电粒子之间的相互作用相比可以忽略时,带电粒子的运动行为就与中性粒子的存在基本无关,同完全电离气体构成的等离子体相近,这种情况下的部分电离气体仍然是等离子体。

带电粒子与中性粒子之间的相互作用只有近距离碰撞这一种形式,可以用碰撞频率 ν_{en} 表示其相互作用的强弱程度,碰撞频率越大,则相互作用越强。我们已经知道,带电粒子之间的相互作用可以分成两体的库仑碰撞和集体相互作用两部分,可以用库仑碰撞频率 ν_{ee} 和等离子体频率 ω_{pe} 来表征这两种作用强度的大小。因此,如果有

$$\nu_{en} \ll \max(\nu_{ee}, \omega_{pe}) \tag{1.14}$$

则中性粒子的作用可以忽略,体系处于等离子体状态。

可以证明,在通常情况下,库仑碰撞频率远小于等离子体频率。但作为保守估

计,我们可以直接比较库仑碰撞频率和中性粒子与电子的碰撞频率。在温度不太高的情况下,带电粒子之间的库仑碰撞截面比带电粒子与中性粒子的碰撞截面大10^3～10^4 倍,因此,当电离度为0.1%时,实际上就可以忽略中性粒子的作用,此时的电离气体即具有等离子体特征。当电离度更小时,电离气体仍然具备一些等离子体的性质,但需要考虑中性粒子的影响。直到中性粒子的碰撞频率大大超越库仑碰撞频率和等离子体频率时,体系的等离子体特征消失,这种微弱电离的气体不再是等离子体。

德拜屏蔽是一个统计意义上的概念,它暗含了在以德拜长度为线度的体积中应存在足够多粒子的条件。若定义等离子体参数为

$$\Lambda \,\widehat{=}\, 4\pi n_0 \lambda_{\mathrm{D}}^3 = 4\pi n_0 \left(\frac{\varepsilon_0 T}{n_0 e^2}\right)^{3/2} \propto T^{3/2} n_0^{-1/2} \tag{1.15}$$

即德拜球中粒子数的3倍,则我们得到常规等离子体应满足的另一个条件:

$$\Lambda \gg 1 \tag{1.16}$$

等离子体参数也是粒子平均动能与粒子间平均势能之比的一个量度。我们知道,理想气体对应于粒子之间的势能为零,而晶体离子之间的势能远大于动能。式(1.16)表明,等离子体中粒子的直接相互作用可以忽略,即常规等离子体中粒子基本上是"自由"的,等离子体是一个理想的电离气体。由式(1.15)可知,在极稠密或温度极低的等离子体中,等离子体参数可以小于甚至远小于1,这种等离子体称为强耦合等离子体,已经不属于常规等离子体的范畴。稠密的强耦合等离子体的例子有惯性约束聚变靶的核心等离子体、白矮星天体等离子体、金属固体等离子体等。温度低的强耦合等离子体的典型例子是温度极低的纯电子或纯离子的非中性等离子体。至于由正负离子构成的常规等离子体,由于温度过低必将导致正负离子间的复合,因而很难通过降低温度的方法达到强耦合状态。

1.2.4 等离子体概念的推广

等离子体概念可以推广,其核心内涵是集体行为起支配作用的宏观体系,如:

(1) 非中性等离子体:在宏观上准电中性不成立的宏观体系,若由电子或离子单一荷电成分组成,则称之为纯电子或纯离子等离子体。非中性等离子体存在着很强的自生电磁场,自生电磁场对其平衡起重要作用。

(2) 固态等离子体:金属中的电子气、半导体中的自由电子与空穴在一定程度上具有等离子体特征。

(3) 液态等离子体:电解液中的正负离子是自由的,也具有等离子体的特征。

(4) 天体物理中的星体:如果将万有引力与库仑力等价,则在天体尺度中,由星体构成的体系可视为一种等离子体。

(5) 夸克-胶子等离子体:将强相互作用与电磁相互作用作类比,等离子体的某些概念可用于粒子物理领域。

1.3 等离子体物理发展简史及研究领域

1.3.1 等离子体物理发展简史

人类对于等离子体的认识,始于19世纪中叶对气体放电管中电离气体的研究。1835年,法拉第(M. Faraday)研究了气体放电现象,发现了辉光放电管中发光亮与暗的特征区域。1879年,克鲁克斯(W. Crookes)提出用"物质第四态"来描述气体放电产生的电离气体。1902年,克尼理(A. E. Kenneally)和赫维塞德(O. Heaviside)提出电离层假设,解释短波无线电在天空反射的现象。1923年,德拜提出等离子体屏蔽概念。1925年,阿普勒顿(E. V. Appleton)提出电磁波在电离层中传播理论,并划分电离层。1928年,朗缪尔提出等离子体集体振荡等重要概念。1929年,朗缪尔与汤克斯(L. Tonks)首次提出"Plasma"一词,用以命名等离子体。1937年,阿尔芬(H. Alfven)指出等离子体与磁场的相互作用在空间和天文物理学中起重要作用。1946年,朗道(L. Landau)理论预言等离子体中存在无碰撞阻尼,即朗道阻尼。直到20世纪上半叶,等离子体物理基本理论框架和描述方法已经完成,研究范围已经从实验室的电离气体扩展到电离层和某些天体。

1952年,美国实施"Sherwood"计划,开始了以获取能源为目的的受控热核聚变研究,英国、法国、苏联也开展了相应的研究计划,先后发展了箍缩、磁镜、仿星器、托卡马克等多种磁约束聚变实验装置以及惯性约束聚变实验装置。不久之后,人们发现实现受控核聚变的难度之大出乎预料,对等离子体运动规律缺乏足够的理解是其中的关键。到了1958年,受控热核聚变研究逐渐解密,由此开始了广泛的国际合作,等离子体物理从此成为受控热核聚变研究的主线。另一方面,自1957年苏联发射第一颗人造卫星以后，很多国家陆续发射了科学卫星和空间实验室，获得了很多电离层及空间的观测和实验数据，极大地推动了天体和空间等离子体物理学的发展。1958年，帕克(E. N. Parker)提出了太阳风模型。1959年，范艾伦(J. A. Van Allen)预言地球上空存在着强辐射带并为日后实验所证实。到20世纪80年代，受控热核聚变和空间等离子体的研究使现代等离子体物理学建立起来并走向成熟。

自20世纪后期起，在气体放电和电弧技术的基础上，低温等离子体技术在等离子体切割、焊接、喷涂、等离子体加工、等离子体化工、等离子体冶金、等离子体光源、磁流体发电、等离子体离子推进等诸多方面得到了快速发展和广泛应用，极大地推动了等离子体物理和其他物理学科及技术科学的相互渗透，使等离子体物理与科学研究达到新的高潮。

1.3.2 等离子体物理主要研究领域

等离子体物理涉及的领域比较宽广，具有很强的学科交叉性，有广泛的应用背景。其相对独立的研究和应用领域包括三个重要方面：受控热核聚变等离子体物理、空间与天体等离子体物理以及低温等离子体物理与应用。

受控热核聚变是等离子体物理最重要的应用领域。核子数较小的原子核通过聚变反应生成较大原子核的过程中，通常会释放大量的核结合能。我们知道，核聚变反应需要两个带正电的原子核接近至核力(强相互作用)起作用的距离才能发生，具备一定的动能(高温)是产生核聚变反应的必要条件。同时，由于具备足够高能量的离子在约束区域中产生聚变反应的概率正比于密度和时间，密度及能量约束时间之积直接与聚变能量的输出相关。因此，温度、密度、能量约束时间三参数的乘积是聚变研究重要的物理指标。值得指出的是，由于离子之间碰撞产生核聚变的反应截面远小于它们之间产生能量、动量交换的截面，离子在聚变核反应发生之前必定经历了充分的能量交换，这样的等离子体基本处于热力学平衡状态，这正是热核聚变名称的由来。

磁约束聚变是利用磁场约束高温等离子体以实现具有能量增益聚变的方法，是实现受控聚变的途径之一。磁约束聚变研究的基本问题分三个层次，首先是磁流体平衡问题，即等离子体中流体元必须保持合力为零的状态；其次是不稳定性问题，即在平衡的基础上扰动能否持续发展进而破坏约束，包括宏观不稳定性和能产生宏观效果的微观不稳定性两类；再次是输运问题，主要是由等离子体微湍流引起的超越常规碰撞输运的反常输运，它直接影响等离子体的能量约束时间。同时，磁约束聚变涉及的物理问题还包含等离子体的产生、加热、电流驱动、不稳定性及运行控制等方面。

磁约束位形的种类繁多，原则上，能够实现磁流体平衡及稳定的磁场结构均可以称为磁约束位形，根据磁力线的结构，可以分成“开端”装置和“环形”装置两大类。开端装置的磁力线两端开放，以磁镜为代表。环形装置的磁力线闭合并通过旋转变换的设计形成环形嵌套的磁面结构，根据等离子体内部电流对约束磁场贡献的大小，可以将反场箍缩、托卡马克、仿星器作为环形装置的代表。磁约束聚变研究在托卡马克位形上已经取得了重大进展，处于聚变燃烧等离子体物理实验与反应堆工程试验的阶段。

惯性约束是实现受控聚变另一条可能的途径。惯性约束聚变的主要机理是：利用高功率脉冲驱动源产生的高亮度能流直接或间接烧蚀聚变靶丸表面，表面物质向外喷射的反作用力产生巨大的向内烧蚀压；在烧蚀压的作用下，聚变燃料向心内爆，被压缩加热至高温、高密度状态；聚变燃料由于自身惯性在未飞散前，发生充分的聚变燃烧反应，释放核聚变能量。按照驱动器的不同，惯性约束聚变可分为激光聚变、重离子束聚变，以及Z箍缩聚变等。

等离子体天体物理是天体物理和等离子体物理相互结合的交叉学科方向。天体等离子体物理学始于20世纪前半叶，早期的研究内容集中在宇宙粒子的加速、天体等离子体的辐射机制、不稳定性和有关爆发图像等方面，现在则主要涉及天体等离子体的非线性现象、辐射与等离子体相互作用、天体等离子体中原子和分子过程、粒子加速机制等方面。

日地空间是由太阳大气、太阳风、地球磁层和电离层组成并相互关联的等离子体体系。空间等离子体物理研究日地空间的物理过程，是等离子体物理学、空间物理和太阳物理的交叉学科，包括太阳大气、日层及行星际、行星磁层和行星电离层等离子体物理等研究方向。空间等离子体物理最基本问题是磁力线重联、波粒子相互作用和反常输运、无碰撞激波、等离子体加热和高能粒子加速、空间等离子体湍流、大尺度等离子体流与磁场及中性气体的相互作用等方面。空间等离子体物理的研究对于航天安全、空间应用、无线电通信、生态环境变迁、气候长期变化等方面具有十分重要的意义。

低温等离子体通常是指电子温度小于10 eV的部分电离或弱电离气体，其中带电粒子的动力学行为具有等离子体特征，但中性粒子则仍然保持普通气体的性质。一般而言，低温等离子体通过电子在电场中获得能量实现气体电离而产生，电子是低温等离子体中能量的初始来源。如果电子、离子以及中性粒子诸成分之间达到了热力学平衡,这样的低温等离子体称为热力学平衡的等离子体,简称热等离子体,电弧等离子体是其典型代表。如果电子成分的温度远高于离子及中性粒子成分的温度,系统则处于非热力学平衡状态,通常称之为冷等离子体,辉光放电等离子体是其典型代表。

热等离子体是高温气体状态的直接延伸,可以用极高温气体理解其应用场景。冷等离子体则大不相同,相对中性分子的结合能而言,低温等离子体中电子的能量足够大,电子对分子的轰击可以轻易地断开各种分子键,从而产生大量的自由基,实现新的化学反应,产生新的化学物质。这就是等离子体化学气相沉积、等离子体材料制备、等离子体刻蚀、等离子体加工等多种技术所依赖的基本原理。

由此可知,低温等离子体技术是典型的多学科交叉领域,等离子体物理在其中起到基础性作用。概括而言,低温等离子体物理涉及等离子体产生、维持、调控过程中的基本物理问题,同样包括等离子体与电磁波相互作用、等离子体电磁约束、等离子体离子加热、等离子体输运、等离子体不稳定性、等离子体空间结构及鞘层等方面的内容。

随着等离子体物理研究的深入,研究领域逐渐扩展:从传统的电中性等离子体扩展到非电中性等离子体,从弱耦合的等离子体伸展到强耦合等离子体,从纯等离子体拓展到尘埃等离子体,这些扩展给等离子体物理研究增添了新的活力与方向。

思 考 题

1.1 电离气体一定是等离子体吗?反过来呢?

1.2 试就高温、低温、高密度、低密度等离子体各举一例。

1.3 德拜屏蔽效应一定要有异性离子存在吗?

1.4 用电子德拜长度表示等离子体的德拜长度的前提是什么?

1.5 由于德拜屏蔽,带电粒子的库仑势被限制在德拜长度内,这是否意味着粒子与德拜球外粒子无相互作用?为什么?

1.6 对于完全由同一种离子构成的非中性等离子体,有德拜屏蔽的概念吗?

1.7 常规等离子体具有不容忍内部存在电场的禀性,这是否意味着等离子体内部不可能存在很大的电场？为什么？

1.8　在电子集体振荡的模型中，若初始时不是所有电子与离子产生分离而是部分电子，则振荡频率会发生变化吗？如果变化，如何解释？

1.9　粒子之间的碰撞是中性气体中粒子相互作用的唯一途径，在等离子体中也如此吗？粒子间能量动量交换还有什么途径？

1.10　受控热核聚变的最终目标是什么？有哪两种基本的实现途径？

1.11　利用打靶的方法可以很容易地实现核聚变反应，为什么以能源为目的的核聚变研究不能采用这种方法？

1.12　低温等离子体环境下可以实现常规化学方法无法实现的化学过程，其物理原因何在？

1.13　作为物质第四种存在形式，对等离子体体系的时空尺度有何要求？

1.14　等离子体是绝大多数物质的存在形式，但为什么我们感觉不是这样？

1.15　固态、液态、气态之间有明确的相变点，气态到等离子体态有这样的相变点吗？

1.16　为什么说气体中分子分解成原子，仍然不改变气体特性？

练　习　题

1.1　计算常温(300 K)、一标准大气压下气体的粒子数密度。

1.2　温度为 1 eV 的系统，粒子的平均热运动能量是多少？

1.3　根据沙哈方程，计算气体温度分别为 0.01 eV、0.1 eV、1 eV 时，1 个大气压下热平衡状态下气体的电离度。

1.4　证明：等离子体中若粒子的平均动能远大于粒子间的平均势能，则德拜球内等离子体数远大于 1。

1.5　证明：函数满足在电势为 $\varphi(x)$ 的一维电场中的带电粒子，函数

$$f(w) = f\left[\frac{mv^2}{2} + q\varphi(x)\right]$$

满足弗拉索夫方程稳定解。

1.6　若在密度为 $10^{20}\ \mathrm{m^{-3}}$ 的等离子体中，有 1% 的电荷分离 1 mm，求分离区域

内的电场强度。

1.7 计算温度为1 eV时,满足强耦合等离子体条件(比如 $\Lambda=10^{-2}$)的密度为多高?当密度为 $10^{12}\ \mathrm{m}^{-3}$ 时,温度要多低?

1.8 证明:在满足 $\Lambda\gg1$ 的常规等离子体情况下,电子之间的库仑碰撞频率 ν_{ee}(参见第6章)总是远小于电子等离子体频率 ω_{pe}。

第2章　单粒子运动

等离子体是由带电粒子组成的体系,电磁相互作用支配着体系的运动。考察单粒子的运动状态,即单个带电粒子在给定的电磁场中的行为,是研究等离子体体系的第一步。应该注意到,单粒子运动的模型含有两个致命的假设,其一是忽略了带电粒子之间的相互作用,其二是忽略了带电粒子本身对电磁场的贡献。完全由单粒子运动来描述的体系(如粒子加速器中)不是一个等离子体系统,因为这与“集体现象”起主导作用这一等离子体的关键特征相矛盾。然而,单粒子运动是等离子体微观运动的本质,对单粒子运动的分析是理解等离子体现象的基础,可以给出一些等离子体物质运动的重要图像。

2.1　回旋运动与漂移运动

2.1.1　均匀恒定磁场中的回旋运动

在均匀、恒定的外磁场 $\boldsymbol{B}$ 中,一个质量为 m,电量为 q 的带电粒子运动方程为

$$\frac{\mathrm{d}\boldsymbol{v}}{\mathrm{d}t} = \frac{q}{m}\boldsymbol{v} \times \boldsymbol{B} \quad \text{或} \quad \frac{\mathrm{d}}{\mathrm{d}t}\left(\boldsymbol{v} + \frac{q}{m}\boldsymbol{B} \times \boldsymbol{r}\right) = 0 \tag{2.1}$$

其解为

$$\boldsymbol{v} = \boldsymbol{v}_0 + \boldsymbol{\omega}_\mathrm{c} \times \boldsymbol{r} \tag{2.2}$$

其中,

$$\boldsymbol{\omega}_{\mathrm{c}} \hat{=} -\frac{q\boldsymbol{B}}{m} \tag{2.3}$$

称为粒子回旋频率。由式(2.2)描述的运动可分成平行及垂直于磁场方向的运动。通过选择 $\boldsymbol{r}$ 的坐标原点,可以将初始速度 $\boldsymbol{v}_0$ 的垂直于磁场方向的分量化为零,于是垂直于磁场方向的运动速度为

$$\boldsymbol{v}_{\perp} = \boldsymbol{\omega}_{\mathrm{c}} \times \boldsymbol{r} \tag{2.4}$$

这是以 $\boldsymbol{\omega}_{\mathrm{c}}$ 为角频率的圆周运动,即回旋运动。

因此,在恒定磁场中,带电粒子的运动可分解成沿磁场方向的自由运动和绕磁场的回旋运动,一般情况下,其轨迹为螺旋线。由理论力学课程可知,一般的运动可视为角动量 $\boldsymbol{J} = m\boldsymbol{v} \times \boldsymbol{r}$ 绕 $\boldsymbol{B}$ 作拉莫(Larmor)进动,进动的角频率称为拉莫频率,即

$$\boldsymbol{\omega}_{\mathrm{L}} \hat{=} -\frac{q\boldsymbol{B}}{2m} = \frac{\boldsymbol{\omega}_{\mathrm{c}}}{2} \tag{2.5}$$

尽管拉莫频率与回旋频率最初的定义不同,但在等离子体物理中,常常将回旋频率称为拉莫频率,将回旋运动称为拉莫运动。

带正电荷的粒子回旋运动方向与负电粒子方向相反,带正电粒子的回旋运动与磁场构成左手螺旋,负电粒子为右手螺旋。不同荷质比的粒子具有不同的回旋频率,显然,电子的回旋频率远大于离子的回旋频率。下面是值得记忆的电子回旋频率表达式:

$$f_{\mathrm{ce}} = \frac{\omega_{\mathrm{ce}}}{2\pi} \approx 28B \tag{2.6}$$

其中,磁场单位为特斯拉(T),频率的单位为 GHz(10^9 Hz)。

粒子回旋运动的轨道半径称为拉莫半径,与粒子的垂直于磁场的运动速度相关,若粒子的垂直速度为 $v_{\perp}$,则拉莫半径为

$$r_{\mathrm{L}} \hat{=} \frac{v_{\perp}}{\omega_{\mathrm{c}}} = \frac{mv_{\perp}}{|q|B} \tag{2.7}$$

带电粒子的回旋运动会产生磁场,无论是电子还是离子,它们的回旋运动所产生的磁场总是与外加磁场方向相反,所以回旋运动具有逆磁的特征。等离子体由带电粒子构成,因而是一种逆磁介质。带电粒子的回旋运动可视为一个电流环,相当于一个磁偶极子,这个磁偶极子的磁矩为

$$\boldsymbol{\mu} = (\pi r_{\mathrm{L}}^2)\left(\frac{q\boldsymbol{\omega}_{\mathrm{c}}}{2\pi}\right) = -\frac{mv_{\perp}^2}{2B}\left(\frac{\boldsymbol{B}}{B}\right) \hat{=} -\frac{W_{\perp}}{B}\left(\frac{\boldsymbol{B}}{B}\right) \tag{2.8}$$

其中,$W_{\perp}$ 为粒子的垂直运动能量。

2.1.2 均匀电场的影响,$\boldsymbol{E}\times\boldsymbol{B}$ 漂移

若电场 $\boldsymbol{E}$、磁场 $\boldsymbol{B}$ 同时存在,则带电粒子的运动方程为

$$\frac{\mathrm{d}\boldsymbol{v}}{\mathrm{d}t}=\boldsymbol{\omega}_{\mathrm{c}}\times\boldsymbol{v}+\frac{q}{m}\boldsymbol{E} \tag{2.9}$$

分解成与 $\boldsymbol{B}$ 平行和垂直方向的分量方程:

$$\begin{cases}\dfrac{\mathrm{d}\boldsymbol{v}_{\parallel}}{\mathrm{d}t}=\dfrac{q}{m}\boldsymbol{E}_{\parallel}\\[2ex]\dfrac{\mathrm{d}\boldsymbol{v}_{\perp}}{\mathrm{d}t}=\boldsymbol{\omega}_{\mathrm{c}}\times\boldsymbol{v}_{\perp}+\dfrac{q}{m}\boldsymbol{E}_{\perp}\end{cases} \tag{2.10}$$

平行于磁场的分量方程给出了简单的匀加速运动。对于垂直方向的分量方程,我们可以作伽利略变换:

$$\boldsymbol{v}_{\perp}=\boldsymbol{v}_{\mathrm{c}}+\boldsymbol{v}'_{\perp} \tag{2.11}$$

于是有

$$\frac{\mathrm{d}\boldsymbol{v}'_{\perp}}{\mathrm{d}t}=\omega_{\mathrm{c}}\times\boldsymbol{v}'_{\perp}+\omega_{\mathrm{c}}\times\boldsymbol{v}_{\mathrm{c}}+\frac{q}{m}\boldsymbol{E}_{\perp} \tag{2.12}$$

若取

$$\omega_{\mathrm{c}}\times\boldsymbol{v}_{\mathrm{c}}+\frac{q}{m}\boldsymbol{E}_{\perp}=0 \tag{2.13}$$

则式(2.12)可化为

$$\frac{\mathrm{d}\boldsymbol{v}'_{\perp}}{\mathrm{d}t}=\boldsymbol{\omega}_{\mathrm{c}}\times\boldsymbol{v}'_{\perp} \tag{2.14}$$

这又是一个单纯的回旋运动方程。所以,在电场、磁场同时存在的情况下,粒子的运动可视为回旋运动和回旋运动中心的匀速运动的合成,粒子回旋运动的中心称为导向中心。用 $\boldsymbol{\omega}_{\mathrm{c}}$ 叉乘式(2.13),可以解出导向中心的运动速度:

$$\boldsymbol{v}_{\mathrm{c}}=\frac{q\boldsymbol{\omega}_{\mathrm{c}}\times\boldsymbol{E}_{\perp}}{m\boldsymbol{\omega}_{\mathrm{c}}^{2}}=\frac{\boldsymbol{E}_{\perp}\times\boldsymbol{B}}{B^{2}}=\frac{\boldsymbol{E}\times\boldsymbol{B}}{B^{2}} \tag{2.15}$$

由此可见,在有电场存在的情况下,粒子的运动形式发生了变化。一般而言,运动的主体仍然是周期性的回旋运动,但回旋运动的导向中心不再固定,而是做速度不变的平动,这种平动称为漂移运动。由于电场存在而产生的漂移运动称为电漂移运动,或直接称之为 $\boldsymbol{E}\times\boldsymbol{B}$ 漂移运动。电漂移速度为

$$\boldsymbol{v}_{\mathrm{DE}}=\frac{\boldsymbol{E}\times\boldsymbol{B}}{B^{2}} \tag{2.16}$$

电漂移运动与粒子种类无关，是等离子体整体的平移运动。由于漂移运动垂直于磁场，这种漂移运动使得我们必须对磁场在垂直方向上可以约束带电粒子的简单图像重新进行审视。

电漂移运动同时也与电场垂直，一般而言导致漂移运动的电场（$\boldsymbol{E}_\perp$ 部分）并不对粒子作功，也就是说，在垂直于磁场的方向上，电场并不能直接用于带电粒子的加速。

电漂移运动的图像如图 2.1 所示，由于电场的作用，粒子在回旋运动的过程中，当运动方向与电场力的方向相同时，会受到加速，运动轨迹的曲率半径将会增加，反之其曲率半径则会减小，因而在一个周期后粒子的运动轨迹不会闭合，这样就形成了摆线型的漂移运动。电子和离子回旋运动的旋转方向相反，但受到的电场力方向也相反，结果电漂移运动的方向是一致的。

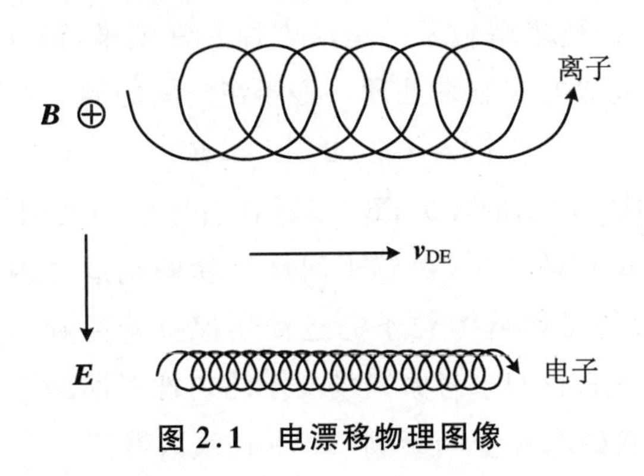

图 2.1　电漂移物理图像

2.1.3　重力漂移

$\boldsymbol{E}\times\boldsymbol{B}$ 漂移与粒子电荷种类无关，不会引起等离子体中不同成分的相对运动，也不会引起电荷分离的效应。但如果作用力不是电场力，比如是重力 $m\boldsymbol{g}$，则漂移的图像会有所不同。形式上，我们只要将 $q\boldsymbol{E}$ 换成 $m\boldsymbol{g}$，就可直接获得由重力产生的漂移速度：

$$\boldsymbol{v}_{\mathrm{DG}} = \frac{m\boldsymbol{g}\times\boldsymbol{B}}{qB^2} \tag{2.17}$$

重力漂移方向与电荷的正负相关，电子与离子漂移的方向相反。这种漂移有产生空间电荷分离的趋势，进而产生电场或者电流，使得磁场约束等离子体的性能发生重要的变化。

实际上，由于引力相互作用远小于电磁相互作用，地球对物体的重力场在绝大多数等离子体问题中可以忽略，重力引起的漂移也是如此。我们在这里突出了重力，是因为它代表了一类非电力外场，其漂移运动性质与电场力完全不同。

2.2 非均匀磁场的影响和导向中心近似

2.2.1 梯度漂移

当磁场不均匀时，严格求解粒子的运动方程非常困难，但在弱不均匀的情况下，我们可以用导向中心近似的方法来处理。磁场在空间的弱不均匀性可表达为

$$|(\boldsymbol{r}_0\cdot\nabla)\boldsymbol{B}|_0 \ll |\boldsymbol{B}_0| \tag{2.18}$$

式中，$\boldsymbol{r}_0$ 表示粒子做回旋运动的位矢；$\boldsymbol{B}_0$ 表示在引导中心处的场强；下标“0”表示在导向中心处取值。上式的意义为，在粒子回旋运动的轨道之内，磁场的相对变化值是一个小量。这时，我们可以认为粒子的运动还保持着回旋运动的基本特征，但会出现一些小的偏差。下面我们来考察磁场弱不均匀性对回旋运动修正的结果。

在导向中心附近将磁场作空间泰勒(Taylor)级数展开：

$$\boldsymbol{B}(\boldsymbol{r}) \approx \boldsymbol{B}_0 + (\boldsymbol{r}_0\cdot\nabla)\boldsymbol{B}|_0 \,\hat{=}\, \boldsymbol{B}_0 + \boldsymbol{B}_1 \tag{2.19}$$

只保留一阶近似项，则粒子运动方程为

$$\frac{\mathrm{d}\boldsymbol{v}}{\mathrm{d}t} = \frac{q}{m}[\boldsymbol{v}\times\boldsymbol{B}_0 + \boldsymbol{v}\times(\boldsymbol{r}_0\cdot\nabla)\boldsymbol{B}|_0] \tag{2.20}$$

同时，按上面的假定，运动速度亦可分成在磁场 $\boldsymbol{B}_0$ 下的回旋运动速度 $\boldsymbol{v}_0$ 和一阶微扰量 $\boldsymbol{v}_1$ 之和：

$$\boldsymbol{v} = \boldsymbol{v}_0 + \boldsymbol{v}_1 \tag{2.21}$$

其中，

$$\boldsymbol{v}_0 = \boldsymbol{\omega}_\mathrm{c}\times\boldsymbol{r}_0 = -\frac{q\boldsymbol{B}_0\times\boldsymbol{r}_0}{m} \tag{2.22}$$

是粒子的回旋运动速度。于是，如果忽略二阶小量 $\boldsymbol{v}_1\times\boldsymbol{B}_1$，式(2.20)可写成

$$\frac{\mathrm{d}\boldsymbol{v}}{\mathrm{d}t} = \frac{q}{m}(\boldsymbol{v}\times\boldsymbol{B}_0) + \frac{q}{m}[\boldsymbol{v}_0\times(\boldsymbol{r}_0\cdot\nabla)\boldsymbol{B}|_0] \tag{2.23}$$

可以看出，此式的最后一项提供了形式上的外力项，但此项与粒子的回旋运动 $\boldsymbol{r}_0$ 相

关,是一个随时间变化的量。若对其在回旋轨道上作平均,就可以获得一个等效的净作用力:

$$\begin{aligned} \boldsymbol{F} &= \left\langle q\boldsymbol{v}_0 \times \left[(\boldsymbol{r}_0 \cdot \nabla)\boldsymbol{B}\big|_0\right]\right\rangle = \frac{q^2}{m}\left\langle \left[(\boldsymbol{r}_0 \cdot \nabla)\boldsymbol{B}\big|_0\right] \times (\boldsymbol{B}_0 \times \boldsymbol{r}_0)\right\rangle \\ &= \frac{q^2}{m}\left\langle \left\{\boldsymbol{r}_0 \cdot \left[(\boldsymbol{r}_0 \cdot \nabla)\boldsymbol{B}\right]_0\right\}\boldsymbol{B}_0 - \left\{\boldsymbol{B}_0 \cdot \left[(\boldsymbol{r}_0 \cdot \nabla)\boldsymbol{B}\right]_0\right\}\boldsymbol{r}_0\right\rangle \\ &\mathrel{\widehat{=}} \boldsymbol{F}_\parallel + \boldsymbol{F}_\perp \end{aligned} \tag{2.24}$$

取以导向中心为原点的局域直角坐标系,令

$$\boldsymbol{r}_0 = r_0(\sin\theta\,\boldsymbol{e}_x + \cos\theta\,\boldsymbol{e}_y), \quad \boldsymbol{B}_0 = B_0\boldsymbol{e}_z \tag{2.25}$$

则平行方向的力为

$$\begin{aligned} \boldsymbol{F}_\parallel &= \frac{q^2}{m}\left\langle \left\{\boldsymbol{r}_0 \cdot \left[(\boldsymbol{r}_0 \cdot \nabla)\boldsymbol{B}\right]_0\right\}\boldsymbol{B}_0\right\rangle \\ &= \frac{q^2 r_0^2 \boldsymbol{B}_0}{m}\left\langle \left[\sin^2\theta\frac{\partial B_x}{\partial x} + \cos^2\theta\frac{\partial B_y}{\partial y} + \sin\theta\cos\theta\left(\frac{\partial B_x}{\partial y} + \frac{\partial B_y}{\partial x}\right)\right]_0\right\rangle \\ &= \frac{q^2 r_0^2 \boldsymbol{B}_0}{2m}\left(\frac{\partial B_x}{\partial x} + \frac{\partial B_y}{\partial y}\right)_0 = -\frac{q^2 r_0^2 \boldsymbol{B}_0}{2m}\cdot\left(\frac{\partial B_z}{\partial z}\right)_0 = -\mu\left(\frac{\partial B_z}{\partial z}\right)_0\boldsymbol{e}_z \end{aligned} \tag{2.26}$$

注意到,在引导中心处,$\boldsymbol{B}_0 = B_0\boldsymbol{e}_z$,同时由于经过平均后所有的场量都是在导向中心处取值,可以取消“0”的下标,故上式也可写成

$$\boldsymbol{F}_\parallel = -\frac{\mu}{B}\left[(\boldsymbol{B}\cdot\nabla)\boldsymbol{B}\right]_\parallel = -\frac{\mu}{2B}(\nabla B^2)_\parallel = -\mu(\nabla B)_\parallel \tag{2.27}$$

同样,垂直方向的力为

$$\begin{aligned} \boldsymbol{F}_\perp &= -\frac{q^2}{m}\left\langle \left\{\boldsymbol{B}_0 \cdot \left[(\boldsymbol{r}_0 \cdot \nabla)\boldsymbol{B}\right]_0\right\}\boldsymbol{r}_0\right\rangle \\ &= -\frac{q^2 r_0^2 B_0}{m}\left\langle \left(\sin\theta\frac{\partial B_z}{\partial x} + \cos\theta\frac{\partial B_z}{\partial y}\right)_0(\sin\theta\,\boldsymbol{e}_x + \cos\theta\,\boldsymbol{e}_y)\right\rangle \\ &= -\mu\left(\frac{\partial B_z}{\partial x}\boldsymbol{e}_x + \frac{\partial B_z}{\partial y}\boldsymbol{e}_y\right)_0 = -\mu(\nabla B_z)_{0\perp} = -\mu(\nabla B)_{0\perp} \end{aligned} \tag{2.28}$$

取消“0”的下标①,有

$$\boldsymbol{F}_\perp = -\mu(\nabla B)_\perp \tag{2.29}$$

在弱不均匀的磁场中,粒子运动仍然具有回旋运动的基本特征,但由于磁场的不均匀性,粒子在一个回旋运动周期内,会经历不同的磁场,粒子感受的磁场实际上

---

① 因为,$\nabla B = \frac{1}{B}\left[(B_z\nabla B_z + B_\perp\nabla B_\perp)\right]$,$B_{\perp 0} = 0$,故上式最后一个等式成立。

是在变化的,因而粒子可以感受到附加的力。综合式(2.27)与式(2.29),非均匀磁场引起的附加力为

$$\boldsymbol{F} = -\mu(\nabla B) \tag{2.30}$$

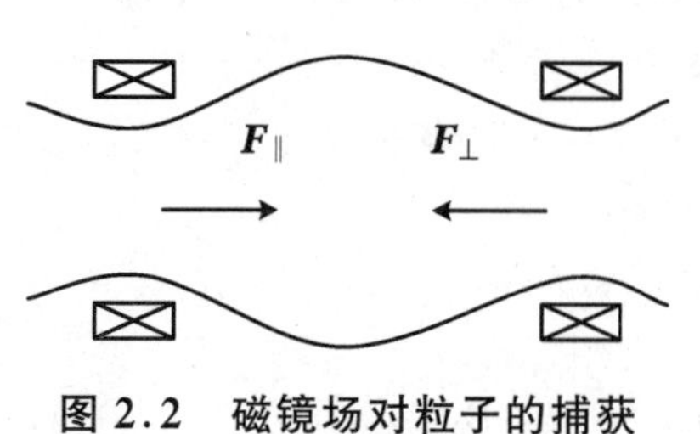

图 2.2 磁镜场对粒子的捕获

由两个同轴的相隔一定距离的电流环产生的磁场位形如图 2.2 所示。其磁场在沿磁场的方向(称为纵向)上存在着梯度,在两电流环之间磁场较弱,在环的位置磁场较强,这种类型的磁场称为磁镜场。在磁镜场的位形下,会出现纵向的等效力 $\boldsymbol{F}_{\parallel} = -\mu(\nabla B)_{\parallel}$,力的方向由强场区指向弱场区,如图 2.2 中箭头所示。当带电粒子由弱场区向强场区运动时,在此力的作用下,粒子的平行速度将逐渐减小。若粒子初始的平行速度不够大,则在足够强的磁场处平行速度将减小至零,此时粒子将被反射。因此,对初始平行速度较低的粒子而言,强场处相当于一个反射镜面,这就是磁镜场称谓的来源。在如图 2.2 所示的具有两个反射镜面的磁镜场中,粒子可以被约束在其中。地球磁场是一个天然的磁镜场系统,正是它约束捕捉了足够多的带电粒子形成了范阿伦带。

在一个静态的磁场中,磁场并不能与粒子交换能量,但若粒子在反射时,磁镜的“镜面”相互接近,则磁场将可以传递能量给被捕捉的粒子,使粒子得到加速。这一机制称为费米(Fermi)加速机制,是费米为解释高能宇宙线的形成机理而提出的一种解释。

非均匀磁场等效力的垂直分量同样可以产生漂移运动,这种漂移称为梯度漂移。根据重力漂移速度式(2.17),我们可以得到梯度漂移速度为

$$\boldsymbol{v}_{\mathrm{D}\nabla B} = -\frac{(\mu\nabla_{\perp}B)\times\boldsymbol{B}}{qB^2} = \frac{W_{\perp}\ \boldsymbol{B}\times\nabla B}{qB^3} \tag{2.31}$$

梯度漂移与电荷相关,具有引起电荷分离的趋势。梯度漂移的物理图像如图 2.3 所示,粒子在强场区的回旋半径比弱场区小,在不均匀的磁场中,回旋运动轨迹不再闭合,造成引导中心的平移。

我们可以证明,在磁场梯度较小的情况下,带电粒子的磁矩 μ 在运动过程中不变,即磁矩是一个运动不变量。在这种弱变化情况下,带电粒子所受到的力由式(2.30)给出,这个力也就是带电粒子回旋运动所形成的磁矩为 $\boldsymbol{\mu}$ 的磁偶极子在非均匀磁场中所受的力。由电动力学课程可知,一般的磁偶极子在外磁场中受力为

$$\boldsymbol{F} = \nabla(\boldsymbol{\mu}\cdot\boldsymbol{B}) = -\nabla(\mu B) = -\mu\nabla B - B\nabla\mu \tag{2.32}$$

比较式(2.30)和式(2.32),有

$$B\nabla\mu = 0 \quad 或 \quad \nabla\mu = 0 \tag{2.33}$$

即磁矩为常数。这表明了尽管带电粒子可以从较强的磁场区域漂移运动到较弱的磁场区域,或者反之,但会保持磁矩不变。

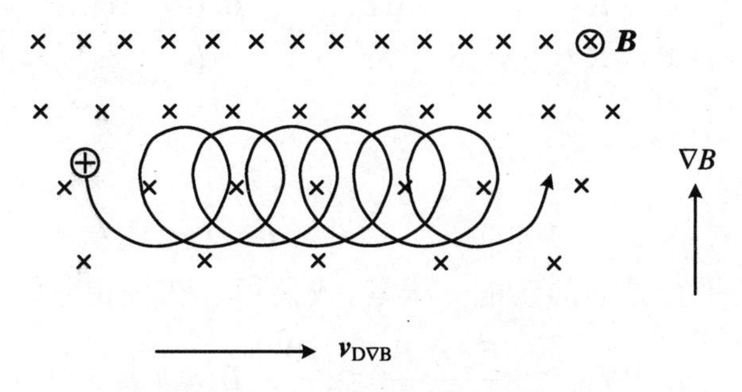

图2.3　梯度漂移物理图像

根据磁矩的不变性我们可以考察一下粒子被磁镜场反射的条件。参考图2.3,设粒子从磁场为 B_0 的弱场区向强场区运动,则其平行方向的能量将产生变化:

$$\frac{1}{2}mv_{\parallel}^2 = \frac{1}{2}mv_{\parallel 0}^2 - \int\mu\frac{\partial B}{\partial z}\mathrm{d}z = \frac{1}{2}mv_{\parallel 0}^2 + \mu(B_0 - B) \tag{2.34}$$

注意到在上式最后一步中,我们应用了磁矩不变的条件。若粒子的平行方向的动能减小至零,则将产生反射,故反射点的磁场为

$$B = \frac{mv_0^2}{2\mu} = \left(\frac{v_0}{v_{0\perp}}\right)^2 B_0 \quad 或 \quad \frac{B_0}{B} = \left(\frac{v_{0\perp}}{v_0}\right)^2 \mathrel{\widehat{=}} \sin^2\theta \tag{2.35}$$

其中,θ 是在弱场处粒子运动轨迹与磁场方向的夹角。因此,对一个确定的磁镜场来说,只有 θ 足够大的粒子才能够被约束,θ 小的粒子将沿磁力线逃出,在速度空间上,不能被磁镜场约束的区域是一个锥体,称为损失锥。损失锥是粒子从磁镜中逃逸的通道,磁镜场约束的粒子可以通过相互碰撞改变速度,不断进入损失锥区域而逃逸。同时由于损失锥的存在,磁镜场所约束的粒子其速度分布一定是各向异性的,也不可能达到热力学平衡的麦克斯韦分布,由此而产生的所谓损失锥不稳定性进一步损害了磁镜位形约束等离子体的性能。

2.2.2　曲率漂移

若磁力线是弯曲的,而粒子又具有平行速度时,粒子将会感受到惯性离心力,因而也会产生相应的漂移运动,这种漂移称为曲率漂移。惯性离心力可表示为

$$\boldsymbol{F}_{\mathrm{c}} = \frac{mv_{\parallel}^{2}}{R^{2}}\boldsymbol{R} \tag{2.36}$$

其中，$\boldsymbol{R}$ 为曲率半径，方向由磁力线凹的一面指向凸的一面，如图 2.4 所示。因为 $\mathrm{d}\varphi = |\mathrm{d}\boldsymbol{B}/B|$，$\boldsymbol{R} \parallel -\mathrm{d}\boldsymbol{B}$，假设粒子所在位置没有电流，$\nabla\times\boldsymbol{B}=0$，我们有

$$\frac{\boldsymbol{R}}{R^{2}} = \frac{\mathrm{d}\varphi}{\mathrm{d}s}\left(\frac{\boldsymbol{R}}{R}\right) = -\frac{1}{B}\cdot\frac{\mathrm{d}\boldsymbol{B}}{\mathrm{d}s} = -\frac{(\boldsymbol{B}\cdot\nabla)\boldsymbol{B}}{B^{2}} = -\frac{\nabla B}{B} \tag{2.37}$$

所以，

$$\boldsymbol{F}_{\mathrm{c}} = -2W_{\parallel}\frac{\nabla B}{B} \tag{2.38}$$

其中，$W_{\parallel}$ 是粒子的平行方向的动能。于是，我们可以获得相应的曲率漂移速度：

$$\boldsymbol{V}_{\mathrm{DC}} = \frac{\boldsymbol{F}_{\mathrm{c}}\times\boldsymbol{B}}{qB^{2}} = \frac{2W_{\parallel}}{qB^{3}}\boldsymbol{B}\times\nabla B \tag{2.39}$$

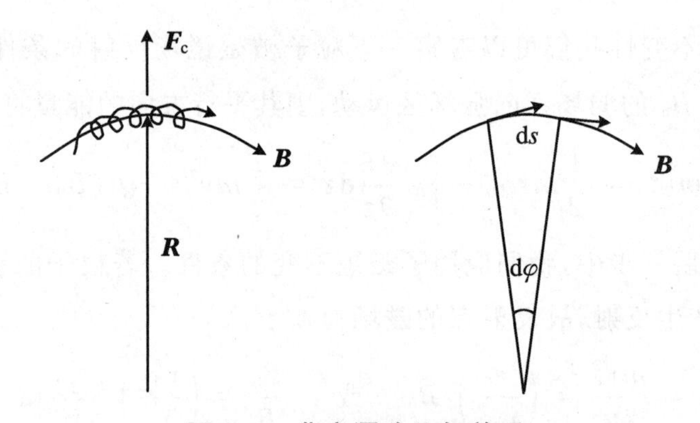

图 2.4　曲率漂移几何关系

一般来说，若磁力线是弯曲的，其磁场必然是非均匀的，故曲率漂移一定伴随着梯度漂移。结合式(2.31)，由磁场不均匀性所引起的总漂移速度可以写成

$$\boldsymbol{V}_{\mathrm{D}} = \frac{W_{\perp}+2W_{\parallel}}{qB^{3}}[\boldsymbol{B}\times(\nabla B)] \tag{2.40}$$

约束带电粒子的简单想法是将磁力线造成闭合的环形，如同加速器中的磁场形态，带电粒子的引导中心将始终沿着磁力线运动。然而，在闭合的磁场位形中，一定存在着曲率与梯度漂移，这种漂移最终会使粒子离开磁场约束区域。对于由大量的电子、离子构成的等离子体系统，曲率与梯度漂移还会以另一种方式削弱磁场的约束性能。由于漂移将使电子与离子分别朝相反的方向(如上、下两个方向)运动，其结果是产生电荷分离而形成电场(垂直方向)，如果没有另外的措施消除这种电场，则新生的电场所产生的电漂移会使等离子体整体地向外漂移，最终破坏约束。

2.3 非均匀电场

我们再来考察电场的非均匀效应,假设磁场是均匀的,这时,除简单的电漂移外,还应出现新的运动。若新的运动相对于回旋运动较慢,粒子运动的主体是快速的回旋运动以及均匀电场的电漂移运动,我们可以应用导向中心近似。将电场按导向中心坐标展开:

$$\boldsymbol{E} = \boldsymbol{E}_0 + (\boldsymbol{r}_0 \cdot \nabla)\boldsymbol{E}\big|_0 + \frac{1}{2}(\boldsymbol{r}_0\boldsymbol{r}_0 : \nabla\nabla)\boldsymbol{E}\bigg|_0 \tag{2.41}$$

下标"0"表示在导向中心处取值。我们在此保留了二次展开项,这是因为后面将看到,一次项的平均效果为零。令粒子速度取下面形式:

$$\boldsymbol{v} = \boldsymbol{v}_0 + \boldsymbol{v}_{\mathrm{DE}} + \boldsymbol{v}_1 = \boldsymbol{v}' + \boldsymbol{v}_{\mathrm{DE}} \tag{2.42}$$

其中,$\boldsymbol{v}_0$ 为回旋运动,$\boldsymbol{v}_{\mathrm{DE}}$为零阶电漂移运动,$\boldsymbol{v}_1$ 为由于电场不均匀性所导致的小的速度变化量。注意到 $\boldsymbol{v}_{\mathrm{DE}} \times \boldsymbol{B} = -\boldsymbol{E}_{\perp 0}$,这样粒子的运动方程变为

$$\frac{\mathrm{d}\boldsymbol{v}'}{\mathrm{d}t} = \frac{q}{m}(\boldsymbol{v}' \times \boldsymbol{B}) + \frac{q}{m}\boldsymbol{E}_{\parallel 0} + \frac{q}{m}\left[(\boldsymbol{r}_0 \cdot \nabla)\boldsymbol{E} + \frac{1}{2}(\boldsymbol{r}_0\boldsymbol{r}_0 : \nabla\nabla)\boldsymbol{E}\right]_0 \tag{2.43}$$

上式最后一项是新出现的等效力,与回旋运动相关。如同前面的处理方式一样,我们对此项在回旋轨道进行平均。采用以导向中心为原点的当地直角坐标系,有

$$\begin{aligned}\boldsymbol{F} = {} & q r_0 \left\langle \left(\sin\theta \frac{\partial \boldsymbol{E}}{\partial x} + \cos\theta \frac{\partial \boldsymbol{E}}{\partial y}\right)_0 \right\rangle \\ & + \frac{1}{2} q r_0^2 \left\langle \left(\sin^2\theta \frac{\partial^2 \boldsymbol{E}}{\partial x^2} + \cos^2\theta \frac{\partial^2 \boldsymbol{E}}{\partial y^2} + \sin 2\theta \frac{\partial^2 \boldsymbol{E}}{\partial x \partial y}\right)_0 \right\rangle \\ = {} & \frac{1}{4} q r_0^2 \left(\frac{\partial^2 \boldsymbol{E}}{\partial x^2} + \frac{\partial^2 \boldsymbol{E}}{\partial y^2}\right)_0 = \frac{1}{4} q {r_0}^2 \nabla_\perp^2 \boldsymbol{E}\end{aligned} \tag{2.44}$$

与零阶电场力合并,我们得到在弱不均匀的电场下,粒子受力的表达式:

$$\boldsymbol{F}_{\mathrm{E}} = q\left(1 + \frac{r_0^2}{4}\nabla_\perp^2\right)\boldsymbol{E} \tag{2.45}$$

相应的漂移速度为

$$\boldsymbol{v}_{\mathrm{DE}} = \left(1 + \frac{r_0^2}{4}\nabla_\perp^2\right)\frac{\boldsymbol{E} \times \boldsymbol{B}}{B^2} \tag{2.46}$$

由电场的非均匀性引起的电漂移修正的结果，使得粒子的电漂移与粒子种类相关。由式(2.46)可以看出，这种相关与拉莫半径有关，拉莫半径越大，不均匀性的影响就越大，这种与拉莫半径相关的效应称为有限拉莫半径效应。

由于电子和离子的拉莫半径不同，故电漂移也可以引起电荷分离。电荷分离会产生电场，如果新产生的电场增强了原来的电场，则可导致一种不稳定性(漂移不稳定性)。

2.4 渐变电场的影响

若电场是缓慢变化的，则电漂移速度将随时变化。以漂移速度作变换的坐标系也将不再是惯性系，由此可以出现相应的惯性力。粒子的运动方程为

$$\frac{\mathrm{d}\boldsymbol{v}}{\mathrm{d}t} = \frac{q}{m}[\boldsymbol{E}(t) + \boldsymbol{v} \times \boldsymbol{B}] \tag{2.47}$$

作变换

$$\boldsymbol{v} = \boldsymbol{v}' + \boldsymbol{v}_{\mathrm{DE}} = \boldsymbol{v}' + \frac{1}{B^2}[\boldsymbol{E}(t) \times \boldsymbol{B}] \tag{2.48}$$

不失一般性，假设 $\boldsymbol{E}_{\parallel} = 0$，有

$$\frac{\mathrm{d}\boldsymbol{v}'}{\mathrm{d}t} = \frac{q}{m}(\boldsymbol{v}' \times \boldsymbol{B}) - \frac{\mathrm{d}\boldsymbol{v}_{\mathrm{DE}}}{\mathrm{d}t} \tag{2.49}$$

也即出现了惯性力 $-m\mathrm{d}\boldsymbol{v}_{\mathrm{DE}}/\mathrm{d}t$，将会引起新的漂移，其漂移速度为

$$\boldsymbol{v}_{\mathrm{DP}} = -\frac{m}{qB^2} \cdot \frac{\mathrm{d}\boldsymbol{v}_{\mathrm{DE}}}{\mathrm{d}t} \times \boldsymbol{B} = -\frac{m}{qB^4}\left(\frac{\mathrm{d}\boldsymbol{E}}{\mathrm{d}t} \times \boldsymbol{B}\right) \times \boldsymbol{B} = \frac{m}{qB^2} \cdot \frac{\mathrm{d}\boldsymbol{E}_{\perp}}{\mathrm{d}t} \tag{2.50}$$

新的漂移与粒子种类相关，漂移运动的方向与电场一致，这与介质的极化过程相同，故称为极化漂移。大量的单个粒子的极化漂移可产生宏观的极化电流：

$$\boldsymbol{J}_{\mathrm{P}} = ne(\boldsymbol{v}_{\mathrm{DE}i} - \boldsymbol{v}_{\mathrm{DE}e}) = \frac{n(m_{\mathrm{i}} + m_{\mathrm{e}})}{B^2} \cdot \frac{\mathrm{d}\boldsymbol{E}_{\perp}}{\mathrm{d}t} = \frac{\rho}{B^2} \cdot \frac{\mathrm{d}\boldsymbol{E}_{\perp}}{\mathrm{d}t} \tag{2.51}$$

这里假定了电子与离子的密度相等，均为 n；ρ 为等离子体的质量密度。

极化电流的出现使等离子体在垂直于磁场的方向上的行为类似于普通的电介质，若外电场是周期变化的，角频率为 ω，则可以求出极化强度：

$$\boldsymbol{P} = \mathrm{i}\frac{\boldsymbol{J}_{\mathrm{P}}}{\omega} = \mathrm{i}\frac{\rho}{\omega B^2} \cdot \frac{\mathrm{d}\boldsymbol{E}_{\perp}}{\mathrm{d}t} = \frac{\rho}{B^2}\boldsymbol{E}_{\perp} \tag{2.52}$$

由此可以得到等离子体的介电常数：

$$\varepsilon = 1 + \frac{\rho}{\varepsilon_0 B^2} \tag{2.53}$$

极化漂移的机制是粒子在电场作用下的初始加速过程，当其速度提高到 $\boldsymbol{v}\times\boldsymbol{B}$ 力起作用的时候，这种加速过程就停止了，极化漂移因而也称为起动漂移。

2.5　高频电磁场的作用与有质动力

前面我们用引导中心近似来处理了比回旋运动慢得多的慢变化外力场，这是一种可以普遍应用的方法，下面我们将借用到高频电磁场下粒子的运动问题，即振荡中心近似。

在谐振电场(电磁波)的作用下，粒子的运动方程为

$$\frac{\mathrm{d}^2\boldsymbol{r}}{\mathrm{d}t^2} = \frac{q}{m}\boldsymbol{E}e^{-\mathrm{i}\omega t} \tag{2.54}$$

其振荡解为

$$\boldsymbol{r}_0 = -\frac{q}{m\omega^2}\boldsymbol{E}e^{-\mathrm{i}\omega t} \tag{2.55}$$

这时，我们再考虑在空间不均匀电磁场作用下的粒子运动：

$$\frac{\mathrm{d}^2\boldsymbol{r}}{\mathrm{d}t^2} = \frac{q}{m}\left[\boldsymbol{E}(\boldsymbol{r}) + \frac{\mathrm{d}\boldsymbol{r}}{\mathrm{d}t}\times\boldsymbol{B}(\boldsymbol{r})\right]e^{-\mathrm{i}\omega t} \tag{2.56}$$

将粒子的运动分成在振荡中心做高速振荡运动及振荡中心的相对慢的运动之和 $\boldsymbol{r}=\boldsymbol{r}_0+\boldsymbol{r}_1$。同时将电磁场在振荡中心处展开，方程(2.56)可以按展开级分开，其零级项提供了振荡解式(2.55)，一级项方程为

$$\ddot{\boldsymbol{r}}_1 = \frac{q}{m}\left[(\boldsymbol{r}_0\cdot\nabla)\boldsymbol{E}\big|_0 + (\dot{\boldsymbol{r}}_1+\dot{\boldsymbol{r}}_0)\times\boldsymbol{B}\right] \tag{2.57}$$

其中，下标“0”表示在振荡中心处取值，同时为了简洁，已将时间的简谐因子归并到 $\boldsymbol{E}$ 和 $\boldsymbol{B}$ 中。对振荡运动进行平均，由于 $\langle\dot{\boldsymbol{r}}_1\times\boldsymbol{B}\rangle=\dot{\boldsymbol{r}}_1\times\langle\boldsymbol{B}\rangle=0$，故有

$$\ddot{\boldsymbol{r}}_1 = \frac{q}{m}\left[\langle(\boldsymbol{r}_0\cdot\nabla)\boldsymbol{E}\big|_0\rangle + \langle\dot{\boldsymbol{r}}_0\times\boldsymbol{B}\rangle\right] \tag{2.58}$$

代入 $\boldsymbol{r}_0$ 的表达式：

$$\begin{aligned}\ddot{\boldsymbol{r}}_1 &= -\frac{q^2}{m^2\omega^2}[\langle(\boldsymbol{E}\cdot\nabla)\boldsymbol{E}\rangle+\langle\dot{\boldsymbol{E}}\times\boldsymbol{B}\rangle]\\ &= -\frac{q^2}{m^2\omega^2}\left[\left\langle\nabla\frac{E^2}{2}\right\rangle-\langle\boldsymbol{E}\times(\nabla\times\boldsymbol{E})\rangle+\langle\dot{\boldsymbol{E}}\times\boldsymbol{B}\rangle\right]\\ &= -\frac{q^2}{m^2\omega^2}\left[\left\langle\nabla\frac{E^2}{2}\right\rangle+\left\langle\frac{\partial}{\partial t}(\boldsymbol{E}\times\boldsymbol{B})\right\rangle\right]\\ &= -\frac{q^2}{m^2\omega^2}\nabla\frac{\langle E^2\rangle}{2}\triangleq\frac{1}{m}\boldsymbol{f}_{\mathrm{P}}\end{aligned}\tag{2.59}$$

其中，

$$\boldsymbol{f}_{\mathrm{P}}=-\frac{q^2}{m\omega^2}\nabla\frac{\langle E^2\rangle}{2}\tag{2.60}$$

称为作用在单个粒子上的有质动力(ponderomotive force)。注意到，由于以上所有的电场量均在振荡中心处取值，故略去了下标。

有质动力是空间非均匀的高频电磁场对带电粒子的等效力，是电磁场压强的作用力(电磁场能量密度的梯度为压力，后面的课程中我们将看到磁压力的作用)，由于带电粒子与电磁场的强烈耦合，电磁场压力可以施加在带电粒子上，这就是有质动力来源。在激光光场强度很大的情况下，有质动力有时起着重要的作用。

有质动力的方向与电荷正负无关，总是指向电场强度减弱的方向，但有质动力对电子的作用远大于离子。尽管如此，这并不表明电子在此力的作用下可以抛开离子而独自行动，等离子体的准电中性保证了电子和离子不能够发生较大的分离。因而，不管外界的力最初施加于等离子体中的哪一个成分，最终都是施加于等离子体本身。所以单位体积等离子体所受的有质动力为

$$\boldsymbol{F}_{\mathrm{P}}=-\left(\frac{n_{\mathrm{e}}q_{\mathrm{e}}^2}{m_{\mathrm{e}}\omega^2}+\frac{n_{\mathrm{i}}q_{\mathrm{i}}^2}{m_{\mathrm{i}}\omega^2}\right)\nabla\frac{\langle E^2\rangle}{2}=-\frac{\omega_{\mathrm{p}}^2}{\omega^2}\nabla\left(\frac{\varepsilon_0}{2}\langle E^2\rangle\right)\tag{2.61}$$

有质动力起作用的一个重要现象是强激光束在等离子体中的自聚焦现象。由于激光束中心处的强度比边缘处大，处于激光束中的等离子体所感受的有质动力方向向外，因而激光束内部的等离子体密度将低于光束外，甚至形成中空结构。在后面课程中我们可以知道，等离子体的折射率小于真空折射率，而且密度越大，折射率越小，因此这样中空分布的等离子体对激光束起到汇聚的作用，边缘处的光线将折向中心，发生自聚焦现象，如图 2.5 所示。

在有质动力的作用下，等离子体受到加速从而获得定向的能量，这种定向能量实际上是由等离子体随电磁场高频振动的能量转换而来的。由式(2.59)定向运动方程，我们可以得到

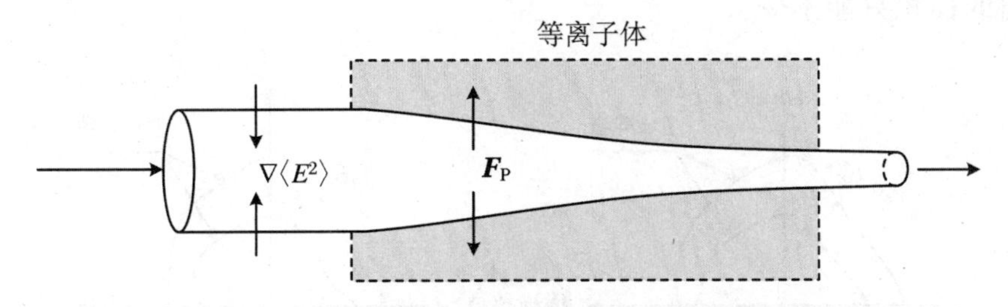

图 2.5 等离子体中强激光束的自聚焦现象

$$\frac{\mathrm{d}}{\mathrm{d}t}\left(\frac{1}{2}m\dot{\boldsymbol{r}}_1^2+\frac{q^2}{m\omega^2}\cdot\frac{\langle E^2\rangle}{2}\right)=0 \tag{2.62}$$

或

$$\frac{\mathrm{d}}{\mathrm{d}t}\left(\frac{1}{2}m\dot{\boldsymbol{r}}_1^2+\frac{1}{2}m\langle\dot{\boldsymbol{r}}_0^2\rangle\right)=0 \tag{2.63}$$

即振荡运动的平均动能与定向运动动能之和为常量,不随时间而变化。

2.6 绝热不变量

当系统存在一个周期运动时,若涉及此周期运动的广义坐标和广义动量为 q,p,则对此周期运动的作用量积分为

$$J=\oint p\mathrm{d}q \tag{2.64}$$

为运动常数。

若系统参数缓慢变化,则运动将不严格地保持周期性,但运动常数并不改变,这就是所谓的绝热不变量。这里我们不去严格证明这一定理,但利用相空间轨道概念作一点说明。

参照图 2.6,在系统的相空间,周期运动的轨迹为一闭合路径,作用量积分即为此闭合路径的面积。同时由于系统的能量守恒,这一闭合曲线也应是系统系综分布的等能量线,不同能量的系统在相空间的运动轨迹将相互嵌套。当系统参数缓变时,周期轨道会产生形变,但如果是绝热过程,则系统的能量不变;能量处于 E_1,E_2 之间的系综将仍然位于这两个等能量线之间,因此等能量线中包含的系综数目不变;再根据刘维定理,相空间系综密度是不可压缩的,因而等能量线,也就是相空间

轨迹包围的面积只能不变。

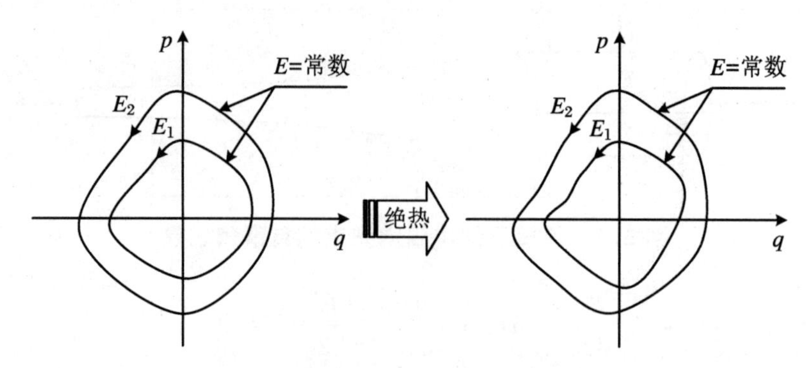

图 2.6　相空间绝热不变量图示

下面我们介绍在电磁场中,单粒子运动所涉及的几个绝热不变量。

2.6.1　磁矩不变量

第一个周期运动就是粒子的回旋运动,回旋运动的作用量积分为

$$\oint p\mathrm{d}q = \oint mv_\perp \cdot r_\mathrm{L}\mathrm{d}\theta = 2\pi mv_\perp r_\mathrm{L} = 2\pi \frac{mv_\perp^2}{|\omega_\mathrm{c}|} = 4\pi \frac{m}{|q|}\mu \tag{2.65}$$

所以,如果粒子的荷质比不变,则回旋运动所对应的绝热不变量实际上就是磁矩。也就是说磁矩是绝热不变的。

绝热的条件要求系统参数缓变,缓变的意思是参数变化的时间尺度相对于周期运动的周期是小量。磁矩不变要求参数变化角频率远小于回旋频率。反过来说,要想改变磁矩,必须破坏绝热缓变条件。

2.6.2　纵向不变量

考虑在被磁镜场中俘获的粒子的运动,它们将在两个强场的转折点处反弹。因而出现第二个周期运动,运动的坐标是沿磁力线的路径,动量即是粒子的平行动量。下面这一积分

$$J = \int_a^b v_\parallel \mathrm{d}s \tag{2.66}$$

正比于运动量积分,因而是绝热不变量,称为纵向不变量。

地磁场是一个天然的磁镜场,地球磁场所俘获的粒子,除去回旋运动、两极间的反弹运动外,还会产生横越磁力线的漂移运动。如果磁场是对称的,粒子绕地球漂

移一周后仍然会回到同一磁力线上。若地球磁场有变化，以上两种周期运动的不变量仍然保证了可以回到相同的磁力线。因为磁矩不变量保证了反弹运动的转折点处的磁场强度不变，而纵向不变量又保证了两转折点之间的磁力线长度不变，在同一子午面上相同场强之间磁力线长度，没有两条是相等的，因此，粒子在绕地球漂移一周后，回到的一定是出发时的磁力线。

2.6.3　磁通不变量

上面考虑的漂移运动同样是一个周期运动，也存在相应的绝热不变量，与之相联系的是漂移面所包含的磁通，可以称为磁通不变量。对于地球磁场来说，漂移运动的周期太长，地球环境磁场的变化时间不满足缓变条件，这一不变量没有实际应用的价值。

思　考　题

2.1　当磁场趋于零时，由式(2.16)会得到漂移速度无穷大的结果，这合理吗？如何解释？

2.2　电漂移与重力漂移的最重要的差别是什么？

2.3　分析粒子运动轨道图像(图2.1)，考察粒子的电漂移速度为什么与下列因素无关：

(1) 电荷的正负；

(2) 粒子质量；

(3) 粒子的速度。

2.4　磁力线弯曲的磁场一定是不均匀的，反过来呢？

2.5　若电子、离子的温度相等且各向同性，其等效磁矩之比为多少？

2.6　对磁镜场约束的带电粒子，若缓慢地增强磁场，则粒子的垂直能量会增加，磁场本身不会对粒子做功，那么粒子是如何得到能量的？

2.7　本章中所处理的粒子在电磁场中的运动可以分成回旋运动与漂移运动的合成，对哪些情况要求漂移运动的速度远小于回旋运动速度，哪些情况则不需要这样的假设？

2.8 绝热不变量的条件是什么？具体到电子磁矩绝热不变的条件为何？

2.9 若磁场不随时间变化，但是不均匀的，那么磁矩绝热不变的缓变条件是什么？

2.10 从粒子引导中心近似的方法体会当体系存在两种时间尺度差别较大的运动时的处理方法是什么？

练 习 题

2.1 若利用频率为 2.45 GHz 的工业标准微波源来加热磁场中的电子，磁场应为多强？

2.2 将一电子放入正交的电磁场中，若电子初始时静止，求电子的运动轨迹，并求到达稳定状态时电子获得的能量，并证明回旋运动和漂移运动所拥有的能量相同。

2.3 设两竖直放置的无限大平板之间存在等离子体，磁场为水平方向且平行于平板，重力将引起漂移并产生电荷分离，进而产生电场。若电荷到达平板处将在平板上积累，在 $t=0$ 时产生等离子体后密度维持不变，求在此电场作用下的粒子的漂移运动情况。

2.4 若由两个半径为 a，间距为 $2a$ 的同轴电流环组成磁镜场，证明：若轴上中心处粒子速度满足

$$v_{\parallel}^2 < \left(\sqrt{2} + \frac{\sqrt{10}}{25} - 1\right) v_{\perp}^2$$

则将被系统捕获(假设满足粒子回旋半径远小于 a)。

2.5 在托卡马克环状磁场中，磁场的空间变化形式为

$$\frac{\mathrm{d}B}{\mathrm{d}R} \approx \frac{B}{R}$$

若粒子速度分布是各向同性的，试比较粒子的曲率漂移和梯度漂移的大小。

2.6 在均匀的磁场 $\boldsymbol{B}$ 中，只有电子被约束其中，称为非中性等离子体。若电子是均匀的，密度为 n，半径为 a，证明：电子等离子体将做刚性旋转，即每个电子均以

相同的角速度绕同一轴旋转，并求其旋转速度。

2.7 若一直线磁化等离子体装置中(柱对称)的磁场强度为0.1 T，实验测得密度分布为

$$n = n_0 \exp\left[\exp\left(-\frac{r^2}{a^2}\right) - 1\right]$$

其中，$a = 0.1\ \mathrm{m}$，$n_0 = 10^{16}\ \mathrm{m}^{-3}$。氩离子温度为0.1 eV，电子温度为2 eV。假设电子密度满足玻尔兹曼分布。求：

(1) 最大的电漂移速度；

(2) 由地球重力引起的重力漂移速度；

(3) 氩离子的拉莫半径。

2.8 对直线电流产生的磁场，分别给出电子、质子在其中运动的可以应用漂移近似的条件。

2.9 有质动力与频率的平方成反比，在射频波段，有质动力起作用的现象也很普遍。若频率为10 MHz的射频天线附近能流密度为10 kW/m^2，则对电子的有质动力相当于能流密度为多强的激光场(波长10^{-6} m)中的有质动力(设射频场和激光场的空间变化尺度均为其波长的k倍)?

第3章 磁 流 体

上一章我们考察了单粒子在各种外场下的运动，没有考虑粒子之间的相互作用，忽略了粒子间的碰撞，也没有考虑带电粒子本身对电磁场的贡献。在实际的等离子体体系中，这些都不能忽略，所以由单个粒子的运动状况并不能完全给出实际等离子体的运动状态。实际上，在粒子间相互作用频繁的体系中，粒子的个性被淹没了，留下的是大量粒子的集体运动，通常的流体就是这样。对这样的体系，我们不必关心单个粒子运动的细节，只需要处理与了解流体所表现出的宏观性质以及它们的演化行为，如密度场、温度场、速度场等。

等离子体同样可以视为流体，是一种电磁力在其中起重要作用的流体。由于等离子体具有的宏观准电中性的特征，一般而言，磁场对其宏观运动的作用比电场更为有效和显著，因而等离子体流体通常也称为磁流体。在等离子体中，电磁力作为体作用力作用于流体，同时流体运动本身也会产生电磁场，流体与电磁场紧密耦合是等离子体流体的重要特征。描述电磁场和流体运动相耦合的动力学理论称为磁流体动力理论，简称 MHD(magneto hydro dynamics)理论。

微观粒子间存在着频繁的碰撞是应用流体理论的一个基本假设。这样，在任意一个微观大、宏观小的“流体元”内，粒子达到了局域的热力学平衡状态。在等离子体中，粒子之间的碰撞频率实际上可能很低，甚至在有些高温、低密度情况下，我们完全可以不考虑粒子间的碰撞相互作用。然而事实表明，等离子体常常可以达到局域热平衡状态，这与常规的碰撞导致热平衡的观念不相容，这一点早期被称为朗缪尔佯缪。实际上，在等离子体系统中，直接的两体碰撞对热力学演化过程的贡献是极其有限的，等离子体中的微湍流、回旋运动、不稳定性、粒子各种漂移都可以形成很强的等效碰撞过程。只有在十分平静的、具有良好约束的等离子体体系中，常规的碰撞作用才能显现出来。因而，在实际应用中，电磁流体理论可以很好地描述等离子体体系中许多物理过程。

由于电磁场的耦合，我们可以预期，磁流体将比普通流体复杂得多，其现象也必然丰富得多。

3.1 磁流体运动方程组

3.1.1 普通流体动力学方程组

1. 运动方程

描述流体运动的动力学方程称为纳维叶-斯托克斯(Navier-Stokes)方程：

$$\rho\left[\frac{\partial \boldsymbol{u}}{\partial t}+(\boldsymbol{u}\cdot\nabla)\boldsymbol{u}\right]=-\nabla p+\rho\nu\nabla^{2}\boldsymbol{u}+\boldsymbol{f} \tag{3.1}$$

式中，ρ，p，$\boldsymbol{u}$ 分别表示流体的密度、压力(强)与速度场；ν 为动力黏滞系数；$\boldsymbol{f}$ 表示单位体积流体所受的外力。纳维叶-斯托克斯方程的意义是很清楚的，是流体元的动量方程。方程的左边是流体元的惯性力项：

$$\rho\left[\frac{\partial \boldsymbol{u}}{\partial t}+(\boldsymbol{u}\cdot\nabla)\boldsymbol{u}\right]=\rho\frac{\mathrm{d}\boldsymbol{u}}{\mathrm{d}t} \tag{3.2}$$

在流体力学中，$\mathrm{d}/\mathrm{d}t$ 称运流微商，表示在随流体元一起运动的坐标系上的微商。运流微商由两部分构成，其一是固定点场量随时间的变化，其二是由于流体元运动到不同的区域所感受场量的空间变化，这就是上式左边两项的意义，在数学上就是全微分的概念。

方程(3.1)的右边第一项是压强梯度力。当存在压强梯度时，在梯度方向上，流体元由于两侧受到的压力不同而受力。右边第二项是黏滞力，它正比于速度对空间的二次微商。流体中两个接触面之间的黏滞力(摩擦力)正比于两个面之间的相对速度，流体元所受的净的黏滞力来自于流体元两侧摩擦力之差，这是黏滞力与速度对空间的二次微商相关的原因。右边第三项则是包含了所有作用于流体的外力。

2. 连续性方程

连续性方程是描述物质或其他物理量，如能量、动量、电荷等守恒的一类方程。

若流体物质不生不灭，但可以在空间流动，则应满足下面的连续性方程：

$$\frac{\partial \rho}{\partial t} + \nabla \cdot (\rho \boldsymbol{u}) = 0 \tag{3.3}$$

上式亦可写成：

$$\frac{\mathrm{d}\rho}{\mathrm{d}t} + \rho \nabla \cdot \boldsymbol{u} = 0 \tag{3.4}$$

此式的物理意义是明显的，即流体元密度增加的原因是相应流体元体积的缩小。流体不可压缩的条件可以表示为

$$\nabla \cdot \boldsymbol{u} = 0$$

3. 状态方程

流体方程(3.1)、方程(3.3)需要一个描述流体热力学参数 ρ, p 之间关系的热力学状态方程来封闭，状态方程一般可以写成：

$$\frac{\mathrm{d}}{\mathrm{d}t}(p\rho^{-\gamma}) = 0 \tag{3.5}$$

其中，γ 是常数。对运动过程中温度不变的等温过程，$\gamma = 1$；对无内能交换的绝热过程，$\gamma = 1 + 2/N$，称为比热比，即定压比热和定容比热之比值，其中，N 为自由度数目。

3.1.2 洛伦兹力与麦克斯韦方程组

等离子体由自由的带电粒子构成，类似于导体。由于其准电中性的特征，电场对流体元影响比磁场小得多，电磁场对等离子体流体的作用力为洛伦兹(Lorentz)力：

$$\boldsymbol{f} = \rho_{\mathrm{E}} \boldsymbol{E} + \boldsymbol{J} \times \boldsymbol{B} \approx \boldsymbol{J} \times \boldsymbol{B} \tag{3.6}$$

描述电磁场运动的方程为麦克斯韦方程组：

$$\begin{cases} \nabla \times \boldsymbol{E} = -\dfrac{\partial \boldsymbol{B}}{\partial t} \\ \nabla \times \boldsymbol{B} = \mu_0 \boldsymbol{J} + \mu_0 \varepsilon_0 \dfrac{\partial \boldsymbol{E}}{\partial t} \approx \mu_0 \boldsymbol{J} \\ \nabla \cdot \boldsymbol{B} = 0 \\ \nabla \cdot \boldsymbol{E} = \dfrac{\rho_{\mathrm{E}}}{\varepsilon_0} \end{cases} \tag{3.7}$$

其中，$\boldsymbol{E}$，$\boldsymbol{B}$ 分别为电场强度和磁场(磁感应)强度；ρ_E，$\boldsymbol{J}$ 分别为等离子体的电荷密度和电流密度；ε_0，μ_0 分别为真空介电常数和磁导率。

3.1.3 磁流体封闭方程组

将电磁力代入普通的流体方程，对描述流体的三个方程与描述电磁场的麦克斯韦方程组进行联合，若再加上一个等离子体对电磁场的响应方程，就可以将方程组封闭。应该注意到，我们用的是真空而非介质中麦克斯韦方程，即不应用磁化、极化这些涉及介质的概念，而应将等离子体中所有电荷与电流都视为自由的。

等离子体具有良好的导电性质，用欧姆(Ohm)定律作为等离子体对电磁场的响应方程是合理的：

$$\boldsymbol{J} = \sigma(\boldsymbol{E} + \boldsymbol{u} \times \boldsymbol{B}) \tag{3.8}$$

注意到，$\boldsymbol{E} + \boldsymbol{u} \times \boldsymbol{B}$ 是在导体静止的参考系中所观察到的电场。式(3.1)、式(3.3)、式(3.5)、式(3.7)、式(3.8)构成了一组封闭的方程组，称为磁流体方程组。这一套方程组中包含了 $\rho, p, \boldsymbol{u}, \boldsymbol{J}, \boldsymbol{E}, \boldsymbol{B}$ 等 14 个独立的变量，共有 16 个标量方程，但其中麦克斯韦方程组中的两个散度方程是冗余的，可由其旋度方程得到[①]。完整的磁流体方程组为

$$\begin{cases} \rho\left[\dfrac{\partial \boldsymbol{u}}{\partial t} + (\boldsymbol{u} \cdot \nabla)\boldsymbol{u}\right] = \boldsymbol{J} \times \boldsymbol{B} - \nabla p \\ \dfrac{\partial \rho}{\partial t} + \nabla \cdot (\rho \boldsymbol{u}) = 0 \\ \dfrac{\mathrm{d}}{\mathrm{d}t}(p\rho^{-\gamma}) = 0 \\ \nabla \times \boldsymbol{E} = -\dfrac{\partial \boldsymbol{B}}{\partial t} \\ \nabla \times \boldsymbol{B} = \mu_0 \boldsymbol{J} \\ \boldsymbol{J} = \sigma(\boldsymbol{E} + \boldsymbol{u} \times \boldsymbol{B}) \end{cases} \tag{3.9}$$

其中，流体的比热比 γ、电导率 σ 为体系参数。这里我们忽略了流体的黏滞力。

在上述的流体运动方程中，我们只保留了各向同性的压力梯度项。对更一般的情况，$-\nabla p$ 项应由 $-\nabla \cdot \boldsymbol{p}$ 来替代，其中 $\boldsymbol{p}$ 为流体的压力张量。$\boldsymbol{p}$ 的非对角项与流

① 电场、磁场的散度方程并非完全是多余的，具体见练习中所提的条件。一般而言，一个矢量场的性质只有在其散度和旋度都给定时才能确定。

体的黏滞性相关，对角项则给出了通常的压力项。一般来说，等离子体的热压力在平行于磁场和垂直于磁场的方向上可以不相等，即压力张量中对角的三个元素可以取不同的值。上述方程中只考虑了电磁力，若还存在其他形式的作用力，如重力，可直接加入方程组中的动量方程。

电导率 σ 是与流体中粒子的碰撞过程相联系的。一般说来，等离子体的电导率相当大，电导率 $\sigma \to \infty$ 的磁流体称为理想磁流体。理想磁流体中没有任何能量耗损机制，在理想磁流体中，欧姆定律变成

$$\boldsymbol{E} + \boldsymbol{u} \times \boldsymbol{B} = 0 \tag{3.10}$$

这表明在流体元所在的参考系上，不存在电场。

3.2 磁流体平衡

约束等离子体的第一步，是使作用在等离子体流体元上的合力为零，实现流体元上力的平衡。通常，受约束的等离子体总是存在着压力梯度，这种梯度产生的力总是试图使等离子体占据更多的空间，进而“烟消云散”。在无磁场的等离子体中，等离子体流体元上平衡压力梯度的力依赖于中性气体的碰撞而产生的“摩擦力”。在惯性约束等离子体中，则是靠惯性力 $\rho \mathrm{d}\boldsymbol{u}/\mathrm{d}t$ 的作用，平衡过程伴随着加速运动，这不是真正意义上力的平衡。在有磁场的情况下，洛伦兹力起着平衡等离子体压力的作用，这就是各种类型磁约束等离子体装置的基础，等离子体平衡问题的研究目标主要是针对有磁场的情况。一般说来，由于磁场位形的复杂性，对平衡问题的精确计算非人力可以胜任，但我们仍然可以通过对其基础原理的分析，得到有关磁场与等离子体作用实现平衡的一些清晰图像。

3.2.1 磁流体力的平衡条件

由式(3.9)第一个方程可知，等离子体流体元上的力学平衡条件为

$$\boldsymbol{J} \times \boldsymbol{B} - \nabla p = 0 \tag{3.11}$$

即等离子体的压力梯度由洛伦兹力 $\boldsymbol{J} \times \boldsymbol{B}$ 所平衡。

平衡条件表明，压力梯度 ∇p 既与电流 $\boldsymbol{J}$ 垂直，也与磁场 $\boldsymbol{B}$ 垂直，因而在等离子

体平衡的情况下，$\boldsymbol{J}$ 及 $\boldsymbol{B}$ 均处于压力相等的平面上，或曰磁力线、电流线均在等压面上。磁约束等离子体的体积是有限的，一般而言，等离子体的等压面由内向外互相嵌套，所以在平衡的情况下，由磁力线构成的磁面、电流线构成的电流面亦复如此。

将式(3.11)叉乘 $\boldsymbol{B}$，我们可以得到等离子体达到力的平衡所需的电流密度为

$$\boldsymbol{J}_{\perp}=\frac{\boldsymbol{B}\times\nabla p}{B^2} \tag{3.12}$$

而这一电流正是等离子体由于压力梯度作用而产生的所谓的“逆磁漂移电流”。

我们知道，在单粒子模型中，每出现一力，则有一个相应的漂移运动，流体的压力梯度是一个新的力，平均作用在每个粒子上的力为 $-\nabla p/2n$(设电子、离子温度相同)，则根据上一章的结果，可以直接将其漂移速度写出

$$\boldsymbol{v}_{\mathrm{D}\nabla p}=-\frac{\nabla p\times\boldsymbol{B}}{2nqB^2} \tag{3.13}$$

因电子和离子的漂移速度大小相等，方向相反，故产生相应的漂移电流：

$$\boldsymbol{J}_{\mathrm{D}}=ne(\boldsymbol{v}_{\mathrm{Di}}-\boldsymbol{v}_{\mathrm{De}})=\frac{\boldsymbol{B}\times\nabla p}{B^2} \tag{3.14}$$

这正是式(3.12)，即等离子体为达到平衡所需要的电流。因而我们可以得到结论，磁流体的平衡问题，自动地由等离子体的逆磁漂移运动所解决。或曰要平衡等离子体，必须保证逆磁漂移运动的存在。

如果我们忽略等离子体的压力梯度，由式(3.11)知，平衡时等离子体中若存在电流，则电流方向必须与磁场方向一致，即

$$\mu_0\boldsymbol{J}=\nabla\times\boldsymbol{B}=\alpha\boldsymbol{B} \tag{3.15}$$

其中，α 是任意的空间函数。这种情况称为“无作用力场(force-free)”状态，在天体等离子体物理领域，这是一种重要的物理模型，如太阳冕区的磁场，就可以采用这种模型。

3.2.2 磁压强和磁张力

等离子体中电流是自洽的，应用电流和磁场的关系，可将式(3.11)平衡方程写成

$$\nabla\left(p+\frac{B^2}{2\mu_0}\right)=\frac{1}{\mu_0}(\boldsymbol{B}\cdot\nabla)\boldsymbol{B} \tag{3.16}$$

由此式可以看出，磁场有一等效的压强项 $B^2/2\mu_0$，称为磁压强。磁压强是磁场的能量密度，而流体的压强 p 是流体的内能密度，当流体与磁场强烈耦合的时候，这

两种能量不分彼此地耦合在一起，式(3.16)左边表明了这一点。为了可以更进一步地看出磁力的本质，将磁力写成由电磁场表达的形式，有

$$
\begin{aligned}
\boldsymbol{f} &= \frac{1}{\mu_0}(\nabla\times\boldsymbol{B})\times\boldsymbol{B} = \frac{1}{\mu_0}(\boldsymbol{B}\cdot\nabla)\boldsymbol{B} - \nabla\left(\frac{\boldsymbol{B}}{2\mu_0}\right) \\
&= \frac{1}{\mu_0}(\boldsymbol{B}\cdot\nabla)\boldsymbol{B} + \frac{1}{\mu_0}(\nabla\cdot\boldsymbol{B})\boldsymbol{B} - \nabla\frac{B^2}{2\mu_0} \\
&= \nabla\cdot\left(\frac{\boldsymbol{BB}}{\mu_0} - \frac{B^2\boldsymbol{I}}{2\mu_0}\right) \widehat{=} -\nabla\cdot\boldsymbol{T}
\end{aligned}
\tag{3.17}
$$

其中，

$$
\boldsymbol{T} \widehat{=} -\frac{\boldsymbol{BB}}{\mu_0} + \frac{B^2\boldsymbol{I}}{2\mu_0} \tag{3.18}
$$

是不考虑电场的贡献时的麦克斯韦应力张量，即电磁场的动量流。

考虑作用在流体体积 V 上的力，于是

$$
\iiint_V \boldsymbol{f}\mathrm{d}V = -\iiint_V(\nabla\cdot\boldsymbol{T})\mathrm{d}V = -\oint_S \boldsymbol{T}\cdot\mathrm{d}\boldsymbol{S} = \oint_S\left[\frac{\boldsymbol{B}(\boldsymbol{B}\cdot\mathrm{d}\boldsymbol{S})}{\mu_0} - \frac{B^2\mathrm{d}\boldsymbol{S}}{2\mu_0}\right] \tag{3.19}
$$

如图3.1所示，选择等离子体流体元与磁场通量管重合，即沿着磁力线的一个短弧柱体，则根据式(3.19)，我们可以得出磁场对流体元各个侧面的作用力。在垂直于磁场方向有一压力，压强大小为 $B^2/2\mu_0$，这就是磁压强；在平行于磁场方向则表现为一拉力，其密度亦为 $B^2/2\mu_0$，这表明磁力线上有一个张力存在。在磁力线弯曲时，磁张力试图使磁力线变直，具有弹性恢复力的特征。

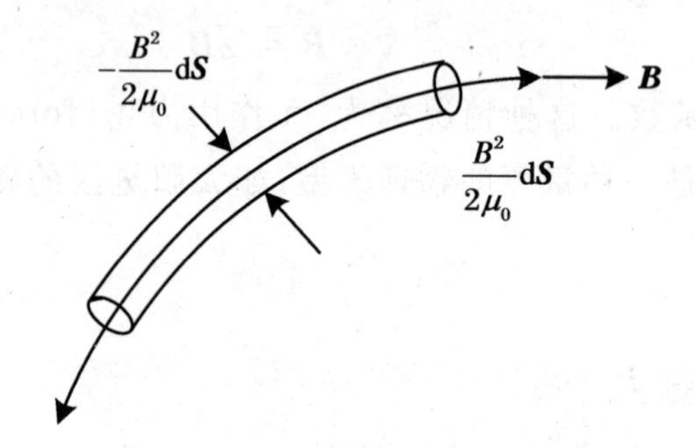

图 3.1　磁场对柱状流体的作用力

3.2.3　等离子体比压

若考虑磁力线为平行线的情况，则与磁场垂直方向的磁流体平衡条件为

$$\nabla_{\perp}\left(p + \frac{B^2}{2\mu_0}\right) = 0 \tag{3.20}$$

或

$$p + \frac{B^2}{2\mu_0} = \frac{B_0^2}{2\mu_0} \tag{3.21}$$

其中，B_0 为无等离子体处的磁场。当等离子体存在时，其磁场会减小，这是必然的，因为等离子体具有抗磁的特征。定义 β 为等离子体压强与总压强之比，称为等离子体的比压①：

$$\beta \mathrel{\widehat{=}} \frac{p}{p + \dfrac{B^2}{2\mu_0}} \tag{3.22}$$

在磁约束等离子体物理研究领域，提高 β 值具有重要的意义，因为等离子体比压的提高意味着用磁场约束等离子体效率的提高。到目前为止，磁约束等离子体实际能够达到的等离子体比压值是很低的，通常 $\beta<1\%$，其中的原因不是由于作用在等离子体上的力不能达到平衡，而是由后面课程将要提及的稳定性问题所限制。

单纯按力的平衡来考虑，β 的最大值可以达到 1，这时在等离子体的内部磁场为零，等离子体与磁场之间存在一个明显的分界面，但这种极端状态是极度不稳定的，不可能实现。

3.3 等离子体中的磁场冻结和扩散

磁场与等离子体的运动由于洛伦兹力的作用而相互影响和牵制，表现为磁场在等离子体中的冻结与扩散两个相互矛盾的效应。冻结的含义是等离子体与磁力线之间没有相对的运动，而扩散的过程则是这两者之间存在着彼此相互渗透的运动。

① 也有文献将等离子体比压定义成等离子体压强与磁压强之比，在比压较小时两者差别很小。

3.3.1 磁场运动方程与磁雷诺数

我们先不管流体的具体运动情况，仅仅考虑磁场的运动方程。在磁流体方程组中，取出与磁场运动相关的三个方程：

$$\begin{cases} \nabla\times \boldsymbol{E} = -\dfrac{\partial \boldsymbol{B}}{\partial t} \\ \nabla\times \boldsymbol{B} = \mu_0 \boldsymbol{J} \\ \boldsymbol{J} = \sigma(\boldsymbol{E} + \boldsymbol{u}\times \boldsymbol{B}) \end{cases} \tag{3.23}$$

消去 $\boldsymbol{E},\boldsymbol{J}$，可以得到磁场在等离子体中的运动方程：

$$\frac{\partial \boldsymbol{B}}{\partial t} = \nabla\times(\boldsymbol{u}\times \boldsymbol{B}) + \nu_{\mathrm{m}}\nabla^2 \boldsymbol{B} \tag{3.24}$$

其中，

$$\nu_{\mathrm{m}} \hat{=} \frac{1}{\mu_0 \sigma} \tag{3.25}$$

称为磁黏滞系数。

方程(3.24)右边两项对磁场运动所起的作用在图像上有明显的差异。第二项描述了一种扩散过程，而第一项则显示了由于流体横越磁场运动所引起磁场的变化。为了考察这两项所起作用的大小，我们定义磁雷诺(Reynolds)数为

$$R_{\mathrm{M}} = \mu_0 \sigma u L_{\mathrm{B}} \tag{3.26}$$

其中，u 为流体速度，L_{B} 为磁场空间不均匀的特征线度。

磁雷诺数表示了磁黏滞对磁场运动影响的程度。从量级分析可以知道，当磁雷诺数很大时，磁黏性作用可以忽略，磁流体可视为理想的，而在相反的情况下，与磁黏性相关的磁扩散过程起主导作用。

3.3.2 磁场扩散

当磁雷诺数很小时，磁场运动方程变成标准的扩散方程，称为磁扩散方程：

$$\frac{\partial \boldsymbol{B}}{\partial t} = \nu_{\mathrm{m}}\nabla^2 \boldsymbol{B} \tag{3.27}$$

磁场本身将从强场的区域向弱场的区域扩散。在等离子体平衡的情况下，等离子体内部的磁场低于外部，这时磁场将由无等离子区域向等离子体区扩散，或曰磁场对等离子体的渗透。

考虑一维的情况，若初始时磁场的空间分布为 $\boldsymbol{B}_0(x)$，则式(3.27)的解为

$$\boldsymbol{B}(x,t)=\int_{-\infty}^{\infty}\boldsymbol{B}_0(x')G(x-x',t)\mathrm{d}x' \tag{3.28}$$

其中，

$$G(x,t)=\left(\frac{\pi\nu_{\mathrm{m}}t}{2}\right)^{-1/2}\exp\left(-\frac{x^2}{4\nu_{\mathrm{m}}t}\right) \tag{3.29}$$

是初始分布为点源 $\delta(x)$ 情况下扩散方程的解，这是一个高斯(Gauss)分布，其分布宽度随时间增大，初始磁场不断地在空间弥散，如图 3.2 所示。

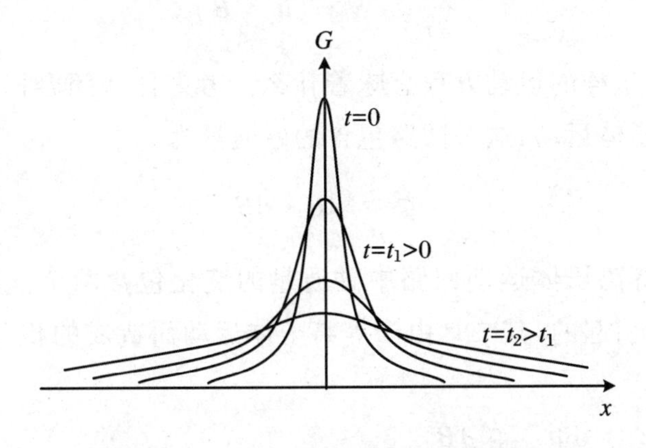

图 3.2 点源扩散过程的分布变化图

由扩散方程，我们可以估算磁扩散过程的特征时间尺度：

$$\tau_{\mathrm{B}}\sim\frac{L_{\mathrm{B}}^2}{\nu_{\mathrm{m}}}=L_{\mathrm{B}}^2\mu_0\sigma=R_{\mathrm{M}}\frac{L_{\mathrm{B}}}{u} \tag{3.30}$$

磁场扩散进入等离子体的时间与 σ 成正比，即电导率越高，所需的扩散时间越长，扩散越难。

磁场扩散过程，实际上伴随着能量的耗散，磁场的能量通过欧姆加热转化等离子体的热能。同样，我们可以估算所有磁场的能量通过欧姆加热消耗所需的时间

$$\frac{\dfrac{B^2}{2\mu_0}}{\dfrac{J^2}{\sigma}}=\left(\frac{B}{J}\right)^2\left(\frac{\sigma}{2\mu_0}\right)\sim L_{\mathrm{B}}^2\mu_0^2\frac{\sigma}{2\mu_0}=\frac{\tau_{\mathrm{B}}}{2} \tag{3.31}$$

与磁扩散过程具有同样的时间尺度。

磁雷诺数也可以写成

$$R_{\mathrm{M}}\sim\frac{u}{\dfrac{L_{\mathrm{B}}}{\tau_{\mathrm{B}}}} \tag{3.32}$$

即为流体横越磁场的运动速度和磁场扩散速度之比。当流体横越磁场的运动速度可以忽略时,磁扩散过程才起重要作用。

3.3.3 磁场冻结

当磁雷诺数很大时,磁黏滞力可以忽略,等离子体成为理想磁流体,这时磁场运动方程变成

$$\frac{\partial \boldsymbol{B}}{\partial t} = \nabla\times(\boldsymbol{u}\times\boldsymbol{B}) \tag{3.33}$$

让我们来考察这样的运动方程意味着什么。考虑任一闭合回路,当等离子体运动时,回路随等离子体运动,这一回路包含的磁通量为

$$\Phi = \iint_S \boldsymbol{B}\cdot \mathrm{d}\boldsymbol{S} \tag{3.34}$$

如图 3.3 所示,随等离子体运动回路中磁通量的变化包含两个部分,其一是由磁场本身随时间变化所引起的,其二是由于等离子体运动而造成的积分环路变化所引起的,因此有

$$\begin{aligned}\frac{\mathrm{d}\Phi}{\mathrm{d}t} &= \iint_S \frac{\partial \boldsymbol{B}}{\partial t}\cdot \mathrm{d}\boldsymbol{S} + \oint_L \boldsymbol{B}\cdot(\boldsymbol{u}\times \mathrm{d}\boldsymbol{l}) \\ &= \iint_S \frac{\partial \boldsymbol{B}}{\partial t}\cdot \mathrm{d}\boldsymbol{S} - \oint_L (\boldsymbol{u}\times\boldsymbol{B})\cdot \mathrm{d}\boldsymbol{l} \\ &= \iint_S \left[\frac{\partial \boldsymbol{B}}{\partial t} - \nabla\times(\boldsymbol{u}\times\boldsymbol{B})\right]\cdot \mathrm{d}\boldsymbol{S} = 0\end{aligned} \tag{3.35}$$

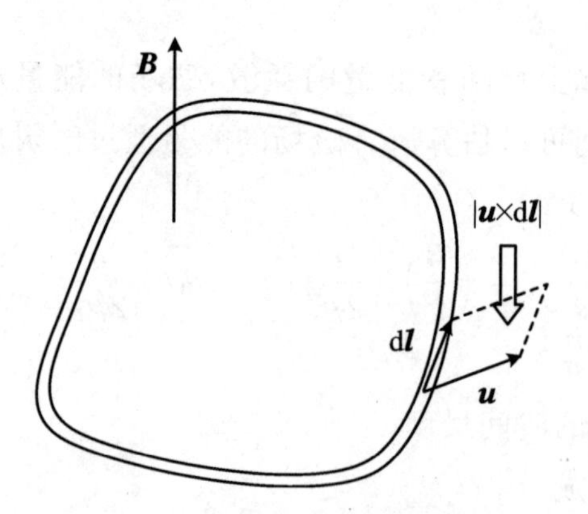

图 3.3　磁通变化积分回路图

这表明,随等离子体流体运动的回路中磁通量不随时间变化,由于回路是任意的,这一结论可以直接应用到流体元本身。当流体元仅在垂直于磁场的方向扩张或收缩时,其密度与截面积成反比变化,同时由于磁通量不变,流体元处的磁场强度同样与截面积成反比,因此,磁场强度与密度之比在等离子体元扩张或收缩的过程中保持不变,即

$$\frac{\mathrm{d}}{\mathrm{d}t}\left(\frac{\boldsymbol{B}}{\rho}\right) = 0 \tag{3.36}$$

严格证明留作习题。不管是有限的回路,还是流体元本身,当其运动时,所包含的磁通量即磁力线的数量不会变化,这就是磁场冻结的含义。如图 3.4 所示,磁场冻结有两种可能的表现形式:一种是绝对的磁场冻结,这时磁力线冻结在流体中,不能同流体产生相对的运动,等离子体流体元的运动将拖动磁力线,使得磁力线产生形变(图 3.4(b));另一种是相对的磁场冻结,这时磁力线本身可以进入和离开等离子体,但保持流体中的磁力线数目不变(图 3.4(a))。如果等离子体在均匀的磁场中运动,可以不引起磁力线的形变,但在非均匀磁场的情况下,则同样会拖动部分磁力线,如图 3.4(c)中所示的情况。

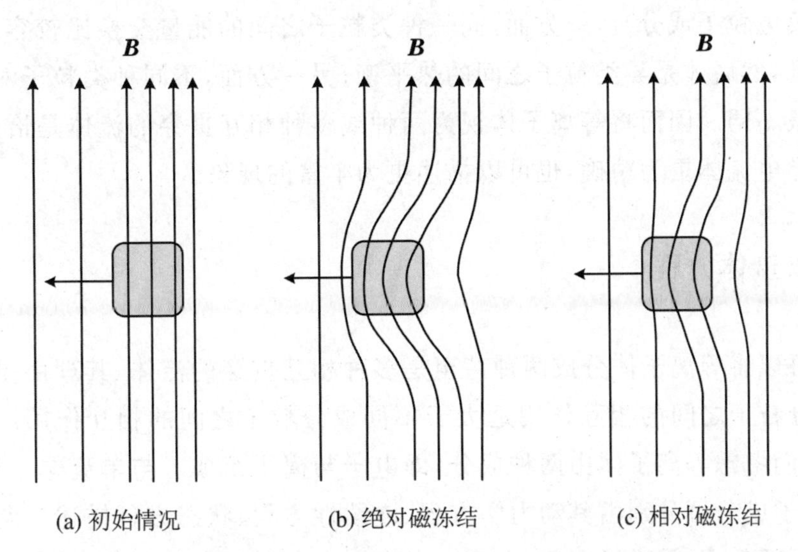

图 3.4 磁场冻结情况下流体元运动引起的磁力线变化图

等离子体在运动时是发生相对磁冻结还是绝对磁冻结,有赖于等离子体具体的运动情况,等离子体中的漂移运动垂直于磁场,是相对磁冻结的一个例子。在相对磁冻结过程中,等离子体流体元发生“切割”磁力线的运动,因而等离子体元中必须建立相应的电场,以使得欧姆定律式(3.10)得以满足。由于电场的建立需要电荷分离,适时适度的电荷分离条件往往比较苛刻,相对而言,绝对磁冻结更容易

发生。

值得注意的是,本章后面会介绍,等离子体的电导率是各向异性的,在与磁场平行和垂直的方向上差别很大,垂直方向上的电导率较小。在考虑磁冻结效应时,应该考虑的是垂直方向电导率。

最后,我们需要说明的是,磁雷诺数与电导率成正比,同时也与流体速度及磁场不均匀的空间尺度成正比,因而对快速的流体运动过程,等离子体总是可以用理想磁流体来近似。

3.4 双流体方程与广义欧姆定律

在前面的磁流体方程中,我们将等离子体视为一种导电流体。实际上,等离子体是由电子和一种以上的离子成分组成的(尘埃等离子体与负离子等离子体甚至可以有多种负电粒子成分)。一方面,同一种类粒子之间的能量交换比较容易,其热平衡最先达到,然后才是异类粒子之间的热平衡;另一方面,不同种类粒子对电磁响应的特性一般不同。因而将等离子体视为两种或多种相互贯穿的流体是恰当的,这应该比单一导电流体更为精确,也可以描述更为丰富的现象。

3.4.1 双流体方程

我们可以将等离子体分成两种甚至是多种相互贯穿的流体,其理由是等离子体中同种成分粒子之间的相互作用远大于不同成分粒子之间的相互作用。在双流体模型中,我们考虑等离子体由两种成分,即电子与离子组成。与单流体一样,双流体中电子、离子成分可分别由其动力学方程、连续性方程、状态方程描述。两种成分的耦合包含两部分:一是通过电荷、电流在麦克斯韦方程组中相互关联;二是由于两种成分之间粒子的碰撞,产生动量交换而以摩擦力的形式出现。

离子、电子成分的运动方程可以写成

$$n_i m_i \frac{d\boldsymbol{u}_i}{dt} = -\nabla p_i + e n_i(\boldsymbol{E} + \boldsymbol{u}_i \times \boldsymbol{B}) + \frac{m_e n_i}{\tau_{ei}}(\boldsymbol{u}_e - \boldsymbol{u}_i) \tag{3.37}$$

$$n_e m_e \frac{d\boldsymbol{u}_e}{dt} = -\nabla p_e - e n_e(\boldsymbol{E} + \boldsymbol{u}_e \times \boldsymbol{B}) - \frac{m_e n_i}{\tau_{ei}}(\boldsymbol{u}_e - \boldsymbol{u}_i) \tag{3.38}$$

其中，$m,n,p,\boldsymbol{u}$ 分别表示质量、数密度、压力和速度；下标 i,e 分别表示离子和电子。τ_{ei}为电子和离子的平均碰撞时间，在此时间内，电子和离子可以完全交换动量。将摩擦力写成上面最后一项的形式是一种唯象的表达方式，即摩擦力正比于两种流体的相对速度。由于必须满足动量守恒条件，电子和离子成分受到的摩擦力大小相等，方向相反。

电子、离子的连续性方程与状态方程为

$$\frac{\partial n_\alpha}{\partial t} + \nabla\cdot(n_\alpha \boldsymbol{u}_\alpha) = 0 \quad (\alpha = \mathrm{i,e}) \tag{3.39}$$

$$\frac{\mathrm{d}}{\mathrm{d}t}(p_\alpha n_\alpha^{-\gamma_\alpha}) = 0 \quad (\alpha = \mathrm{i,e}) \tag{3.40}$$

麦克斯韦方程组为

$$\begin{cases}\nabla\times \boldsymbol{B} = \mu_0 \boldsymbol{J} = \mu_0 e(n_\mathrm{i}\boldsymbol{u}_\mathrm{i} - n_\mathrm{e}\boldsymbol{u}_\mathrm{e}) \\ \nabla\times \boldsymbol{E} = -\dfrac{\partial \boldsymbol{B}}{\partial t} \\ \nabla\cdot \boldsymbol{B} = 0 \\ \nabla\cdot \boldsymbol{E} = \dfrac{e}{\varepsilon_0}(n_\mathrm{i} - n_\mathrm{e})\end{cases} \tag{3.41}$$

注意到，我们在本书中为了简洁，总是假设离子只带单位电荷。

以上方程组共有 18 个独立的标量方程，其变量 $n_\alpha, p_\alpha, \boldsymbol{u}_\alpha, \boldsymbol{E}, \boldsymbol{B}$ 等共有 16 个，考虑麦克斯韦方程电磁场散度方程可以由旋度方程给出，故是一组封闭方程，这就是完整的双流体方程组。

3.4.2 广义欧姆定律

将离子与电子的动力学方程相加，忽略电子的惯性项，我们可以得到

$$m_\mathrm{i} n_\mathrm{i} \frac{\mathrm{d}\boldsymbol{u}}{\mathrm{d}t} = -\nabla p + \boldsymbol{J}\times\boldsymbol{B} \tag{3.42}$$

其中，

$$\boldsymbol{u} = \boldsymbol{u}_\mathrm{i}, \quad p = p_\mathrm{e} + p_\mathrm{i}, \quad \boldsymbol{J} = en(\boldsymbol{u}_\mathrm{i} - \boldsymbol{u}_\mathrm{e}) \tag{3.43}$$

这里我们假设了电子、离子的数密度相等，忽略了电场力的贡献。这就是原来的单流体形式，这样我们知道，单流体中的流体速度实际上是离子成分的速度，因为流体的质量密度几乎都由离子成分贡献。由于电子质量小，对电场的响应快，电流的贡献主要来源于电子成分。

忽略了电子惯性项的电子运动方程为

$$\nabla p_{\mathrm{e}} + en(\boldsymbol{E} + \boldsymbol{u}_{\mathrm{e}} \times \boldsymbol{B}) - \frac{m_{\mathrm{e}}}{e\tau_{\mathrm{ei}}}\boldsymbol{J} = 0 \tag{3.44}$$

将 $\boldsymbol{u}_{\mathrm{e}} = \boldsymbol{u} - \boldsymbol{J}/en$ 代入,我们可以得到

$$\nabla p_{\mathrm{e}} + en(\boldsymbol{E} + \boldsymbol{u} \times \boldsymbol{B}) - \boldsymbol{J} \times \boldsymbol{B} - \frac{en}{\sigma}\boldsymbol{J} = 0 \tag{3.45}$$

这里我们将碰撞时间用电阻率替代,它们的关系为①

$$\tau_{\mathrm{ei}} = \frac{m_{\mathrm{e}}\sigma}{ne^2} \tag{3.46}$$

式(3.45)也可以写成

$$\boldsymbol{J} = \sigma\left[(\boldsymbol{E} + \boldsymbol{u} \times \boldsymbol{B}) - \frac{1}{ne}\boldsymbol{J} \times \boldsymbol{B} + \frac{1}{ne}\nabla p_{\mathrm{e}}\right] \tag{3.47}$$

这就是双流体中电流与电流驱动源之间的关系,称为广义欧姆定律。

可以看到,广义欧姆定律比通常的欧姆定律多了两项。在平衡等离子体中这两项量级相同且相互抵消。作为量级估计,可以将方程左边项与右边第二项进行比较,若

$$\frac{\sigma B}{ne} = \frac{\dfrac{\tau_{\mathrm{ei}} ne^2 B}{m_{\mathrm{e}}}}{ne} = \omega_{\mathrm{ce}}\tau_{\mathrm{ei}} \mathrel{\widehat{=}} \zeta \ll 1 \tag{3.48}$$

我们可以忽略后面两项,此时广义欧姆定律与欧姆定律一致,因而 ζ 是一个关键的参量。

当 $\zeta \gg 1$ 时,新出现的两项将起主导作用,其中 $\boldsymbol{J} \times \boldsymbol{B}$ 项是由于磁场对电子运动的影响而产生的,∇p_{e} 项则是扩散效应与热电效应导致电流,是一种等效的电流驱动项。若令

$$\boldsymbol{E}^* = \boldsymbol{E} + \boldsymbol{u} \times \boldsymbol{B} + \frac{1}{ne}\nabla p_{\mathrm{e}} \tag{3.49}$$

为等效电场,我们可以将广义欧姆定律写成下列形式:

$$\boldsymbol{J} = \boldsymbol{\sigma}_{\mathrm{D}} \cdot \boldsymbol{E}^* \tag{3.50}$$

其中,电导率表现为张量,若选磁场方向为 Z 轴方向,则电导率张量为

---

① 在电场作用下,粒子在碰撞时间内所获得的速度为$(eE/m_{\mathrm{e}})\tau_{\mathrm{ei}}$,对应的电流密度为$(ne^2\tau_{\mathrm{ei}}/m_{\mathrm{i}})/E$,故 $\sigma = ne^2\tau_{\mathrm{ei}}/m_{\mathrm{e}}$。

$$\boldsymbol{\sigma}_{\mathrm{D}} = \sigma \begin{pmatrix} \dfrac{1}{1+\omega_{\mathrm{ce}}^2\tau_{\mathrm{ei}}^2} & -\dfrac{\omega_{\mathrm{ce}}\tau_{\mathrm{ei}}}{1+\omega_{\mathrm{ce}}^2\tau_{\mathrm{ei}}^2} & 0 \\ \dfrac{\omega_{\mathrm{ce}}\tau_{\mathrm{ei}}}{1+\omega_{\mathrm{ce}}^2\tau_{\mathrm{ei}}^2} & \dfrac{1}{1+\omega_{\mathrm{ce}}^2\tau_{\mathrm{ei}}^2} & 0 \\ 0 & 0 & 1 \end{pmatrix} \tag{3.51}$$

电导率呈张量形式表现了等离子体各向异性的特性,其根源当然来自于磁场的作用。当回旋运动的频率远大于碰撞频率时,等离子体中微观粒子的基本运动形式为回旋运动,因而磁场的作用越发重要,各向异性的现象也就越发严重。反过来,回旋运动的频率远小于碰撞频率,实际上粒子已不可能形成完整的回旋运动,当然磁场的作用就大打折扣了。

由电导率张量可以看出,在平行于磁场的方向上电导率没有改变,但在垂直于磁场方向上,电导率减小 $1+\omega_{\mathrm{ce}}^2\tau_{\mathrm{ei}}^2$ 倍。

电导率张量的非对角项表明了电流与电场的方向可以不同,这就是所谓的霍尔电流。Y 方向的电场可以产生 X 方向的电流,X 方向的电场也会产生 Y 方向的电流。到现在为止,我们已经不止一次地体会到在磁场出现的情况下,等离子体这种“不合作”的响应特性,其根本原因当然是洛伦兹力具有 $\boldsymbol{v}\times\boldsymbol{B}$ 这种“怪异”的作用形式。

思 考 题

3.1 黏滞力为何不是直接正比于速度剪切(指速度在空间的变化),而是与速度在空间的二次导数有关?

3.2 说明 $-\nabla\cdot\boldsymbol{u}$ 表示流体元体积压缩速率。

3.3 为什么说等离子体中磁力线像弹性绳?“弹性”的来源是什么?

3.4 参考图3.1,若磁力线是弯曲的,则这一等离子体元似乎总是受到一个指向曲率中心的力,这种说法对吗?为什么?

3.5 设等离子体为柱体,若 $\beta=1$,那么等离子体中电流应该是什么样的分布,外磁场的方向如何?

3.6 如果初始分布结构比较复杂,比如有多个极大和极小,那么经过扩散过程，结构是变得复杂了还是简单了？一定是这样吗？

3.7 对理想磁流体，若流体元相对于磁场做垂直运动，则 $\boldsymbol{u}\times\boldsymbol{B}\neq 0$，这是否意味着在等离子体中将感生出无穷大的电流？为什么？

3.8 考虑一个逐渐变细的磁通管（由磁力线构成），若在较粗的一端（弱场区）产生等离子体，此等离子体在磁场方向上可以达到力的平衡吗？若在较细的一端（强场区）产生等离子体，可以达到平衡吗？若要利用磁场形成所谓的“磁喷嘴”，产生高速的等离子体射流，应该采用哪一种方法？

3.9 将一团等离子体由无磁场区垂直地射向有磁场的区域，会发生什么样的情况？做一些讨论。

3.10 双流体模型应该比单流体模型更好地描述等离子体，双流体中的电子、离子成分在单流体中各起什么主要作用？

3.11 当碰撞频率增加时，平行于磁场方向的电导率是如何变化的？垂直方向呢？如何解释这种差别？

3.12 列举一些由于洛伦兹力所产生的“作用”与“效果”方向不一致的现象。

练习题

3.1 证明：考虑电荷守恒方程，麦克斯韦方程组中的两个散度方程可以由另外两个旋度方程得到。

3.2 磁场为1特斯拉的磁压强有多大？若 $\beta=1\%$，则磁场所能约束的温度为10 keV的等离子体密度为多少？

3.3 证明：若等离子体压强与磁压强相等，则等离子体中粒子的平均热运动速度为阿尔芬速度（定义见第4章）。

3.4 密度为 $10^{20}\ \mathrm{m^{-3}}$、温度为10 keV、半径为0.1 m的等离子体柱表面通过 10^6 A的电流，求：

(1) 表面磁场的磁压；

(2) $\boldsymbol{J}\times\boldsymbol{B}$ 力；

(3) 等离子体是将被压缩还是膨胀？

3.5 证明：对无作用力场情况下，若 α 为常数，则磁场满足霍姆赫兹方程，

$(\nabla^2+\mu_0\alpha^2)\boldsymbol{B}=0$。

3.6 证明:式(3.28)是扩散方程的解。

3.7 若磁场通过磁扩散过程而衰减,在衰减过程中其形状保持不变,证明:任一时刻的磁场必须满足霍姆赫兹方程。

3.8 对理想磁流体,证明

$$\frac{\mathrm{d}\left(\frac{\boldsymbol{B}}{\rho}\right)}{\mathrm{d}t}=\left(\frac{\boldsymbol{B}}{\rho}\cdot\nabla\right)\boldsymbol{u}$$

第 4 章　等离子体中的波动现象

波动是普遍的物理现象,等离子体是连续媒质波动现象的最典型载体。在普通流体中一般不存在切向的恢复力,因此只能存在纵波,也就是声波。只有在两种流体的分界面上,有重力(或其他外界等效力)的参与下才会出现横波,即表面波。电磁力的出现,使等离子体的波动现象比普通流体丰富得多,也复杂得多。一方面,我们已经知道,磁场的存在使等离子体变得富有弹性,因而纵波、横波以及两者的混合模式均可以同时在等离子体中发生。另一方面,由于等离子体中有多种特征的时间尺度,这会反应在波动模式中,使得等离子体波在本性与来源上存在多种分支,出现缤纷的波动现象。

4.1　线性波色散关系获取方法

我们先以最简单的流体为例,介绍求物理系统中本征的线性波动模式的方法。无耗散的流体运动方程组应为

$$\begin{cases}\rho\dfrac{\partial \boldsymbol{u}}{\partial t}+\rho(\boldsymbol{u}\cdot\nabla)\boldsymbol{u}=-\nabla p\\ \dfrac{\partial\rho}{\partial t}+\nabla\cdot(\rho\boldsymbol{u})=0\\ p\rho^{-\gamma}=\text{Const}\end{cases}\tag{4.1}$$

4.1.1　方程的线性化

系统的运动方程一般是非线性的,但对于要考虑的线性、小振幅波来说,我们并不需要了解整个运动方程解,而只要求体系在平衡位置时对小扰动的响应特性,假定体系已经处于平衡状态。若令

$$\boldsymbol{u} = \boldsymbol{u}_0 + \boldsymbol{u}_1,\quad p = p_0 + p_1,\quad \rho = \rho_0 + \rho_1 \tag{4.2}$$

其中,$\boldsymbol{u}_0, p_0, \rho_0$ 表示系统的平衡值,或稳定值,而 $\boldsymbol{u}_1, p_1, \rho_1$ 则表示扰动值。若扰动量为小量,将此假定代入系统运动方程后,可以按照量级来分离运动方程,即可以获得零阶量(平衡量)与一阶量(扰动量)的方程。零阶量方程就是系统平衡时(未扰动时)系统的运动方程,考虑线性波的问题时,一般可以不考虑如何去解零级量的方程。在一级量方程中我们仅需考虑其线性部分,因为当扰动量充分小时,扰动量的非线性部分高阶则可以忽略,这也是“线性”与“小扰动”具有相同意义的原因。这样,流体运动方程组扰动量的线性化方程组为①

$$\begin{cases} \rho_0 \dfrac{\partial \boldsymbol{u}_1}{\partial t} + \nabla p_1 = 0 \\ \dfrac{\partial \rho_1}{\partial t} + \nabla\cdot(\rho_0 \boldsymbol{u}_1) = 0 \\ \dfrac{p_1}{p_0} - \gamma \dfrac{\rho_1}{\rho_0} = 0 \end{cases} \tag{4.3}$$

这里,为了简便我们假设了 $\boldsymbol{u}_0 = 0$,如果 $\boldsymbol{u}_0$ 为常数,我们则可以通过变换参考系来达到 $\boldsymbol{u}_0 - 0$ 的日的。

---

① 对状态方程

$$C = (p_0 + p_1)(\rho_0 + \rho_1)^{-\gamma} \approx (p_0 + p_1)\rho_0^{-\gamma}\left(1 - \gamma\frac{\rho_1}{\rho_0}\right)$$

其零级量应满足方程

$$C = p_0 \rho_0^{-\gamma}$$

一级量应满足方程

$$\frac{p_1}{p_0} - \gamma\frac{\rho_1}{\rho_0} = 0$$

4.1.2 求本征波动模式

将上述微分方程作傅里叶(Fourier)变换,即令所有扰动量随时间、空间的变化关系为 $\exp[\mathrm{i}(\boldsymbol{k}\cdot\boldsymbol{x}-\omega t)]$的平面波形式,就可以得到这种单模式扰动量所应满足的方程。形式上,在微分方程中将时间的微分算符$\partial/\partial t$ 置换成 $-\mathrm{i}\omega$、空间的微分算符∇置换成 $\mathrm{i}\boldsymbol{k}$ 即可,有

$$
\begin{cases}
\rho_0\omega\boldsymbol{u}_1-\boldsymbol{k}p_1=0\\
\omega\rho_1-\rho_0\boldsymbol{k}\cdot\boldsymbol{u}_1=0\\
\rho_0p_1-\gamma p_0\rho_1=0
\end{cases}
\tag{4.4}
$$

应该注意到,此方程组的各变量与原方程组(4.3)中的含义相比已经发生了变化,它不再包含时空变化的部分,只表示特定平面波的振幅。

这是一个关于扰动量的线性齐次代数方程组,它具有非平庸解(至少有一个变量不为零)的条件是方程组的系数矩阵行列式值为零。对于这个简单的方程组,我们可以直接解出非平庸解对系数的要求。将方程组(4.4)的第一式点乘 $\boldsymbol{k}$,利用后两式消去 p_1 及 $\boldsymbol{k}\cdot\boldsymbol{u}_1$,有

$$
\left(\rho_0\omega-\gamma\frac{p_0}{\omega}k^2\right)\rho_1=0
\tag{4.5}
$$

若要求扰动量 ρ_1 不为零,必须有

$$
\frac{\omega}{k}=\left(\gamma\frac{p_0}{\rho_0}\right)^{1/2}
\tag{4.6}
$$

这就是在方程组(4.1)所描述的流体中可以存在的本征波动模式所应满足的条件,称为色散关系。这一波动模式就是大家熟知的流体声波。

4.1.3 求本征模式的特性

从扰动量所遵从的方程,我们可以获得此系统本征模式的一些基本特征。

1. 本征模式的数目

系数矩阵行列式为零的方程解的数目,就是此系统本征模式的数目。对本例的流体系统而言,只存在声波这种唯一的波动模式。

2. 纵波与横波

根据扰动矢量与波传播方向平行或垂直的关系，确定特征波模是纵波还是横波。对声波而言，方程组(4.4)的第一式表明了流体的扰动速度矢量 $\boldsymbol{u}_1$ 与波传播方向 $\boldsymbol{k}$ 平行，故声波是纵波。当然，扰动矢量与波传播方向也可能既不平行也不垂直，这种模式称为混杂波。

3. 波动模式的色散关系

波矢 $\boldsymbol{k}$ 和频率 ω 分别表示扰动的空间和时间的响应特征，它们之间的关系称为色散关系。色散关系表现了系统时空响应的关联方式，是描述波动模式的最重要内容，由此可以给出波动的相速度 ω/k、群速度 $\partial\omega/\partial k$ 等波动传播的重要参数。声波的相速度与频率无关，与群速度一致，称为声速。声速为

$$C_s = \left(\frac{\gamma p_0}{\rho_0}\right)^{1/2} \tag{4.7}$$

4. 本征模式各扰动量之间的关系

从方程组(4.4)，我们可以获得声波各扰动量之间的关系，注意到它们之间的关系都是线性的：

$$u_1 = \left(\frac{C_s}{\rho_0}\right)\rho_1, \quad p_1 = C_s^2\rho_1 \tag{4.8}$$

4.2　冷等离子体中的线性波

在磁化的等离子体中，等离子体的流体压强与磁压强相比往往可以忽略，不考虑流体压强的冷等离子体假设是一种很好的近似[①]，它可以给出一系列由等离子体中单纯的电磁性质起作用的波动现象。冷等离子体中波是等离子体波动现象的基础，我们先介绍它们，然后再讨论由于考虑等离子体压强而产生的模式修正及新的

① 注意，此处“冷等离子体近似”与第1章等离子体分类中“冷等离子体”概念不同。

波动模式。

4.2.1 电介质中波色散关系之一般形式

在电动力学课程中，我们通常将导体与电介质视为两类不同的介质来处理。导体与电介质对外界电磁场的响应方式不同，电介质的响应可以归纳成极化电荷与电流，即有

$$\boldsymbol{D} = \varepsilon\varepsilon_0 \boldsymbol{E} \tag{4.9}$$

而对导体，则无束缚的极化电荷与电流，对电场的反应可归纳成自由电流

$$\boldsymbol{J} = \sigma \boldsymbol{E} \tag{4.10}$$

其实这两种处理方式可以统一。在导体中，我们也可将所有的自由电流均视为极化电流。在定态的情况下(即$\partial/\partial t = -\mathrm{i}\omega$)，有下列关系[①]：

$$\varepsilon = 1 + \mathrm{i}\frac{\sigma}{\varepsilon_0\omega} \tag{4.11}$$

对各向异性的介质，式(4.11)可以扩展成更一般的张量形式：

$$\boldsymbol{\varepsilon} = \boldsymbol{I} + \frac{\mathrm{i}}{\varepsilon_0\omega}\boldsymbol{\sigma} \tag{4.12}$$

于是，对于有自由电荷、自由电流的导电介质，麦克斯韦方程组为[②]

$$\begin{cases} \nabla\times \boldsymbol{E} = -\dfrac{\partial \boldsymbol{B}}{\partial t} \\ \nabla\times \boldsymbol{B} = \mu_0\boldsymbol{J} + \mu_0\varepsilon_0\dfrac{\partial \boldsymbol{E}}{\partial t} = \mu_0\varepsilon_0\boldsymbol{\varepsilon}\cdot\dfrac{\partial \boldsymbol{E}}{\partial t} \end{cases} \tag{4.13}$$

注意到，这两个方程是关于 $\boldsymbol{E},\boldsymbol{B}$ 的线性方程，故其线性化后将具有相同的形式。消去 $\boldsymbol{B}$ 后有

$$\nabla\times(\nabla\times \boldsymbol{E}) = -\mu_0\varepsilon_0\boldsymbol{\varepsilon}\cdot\frac{\partial^2 \boldsymbol{E}}{\partial t^2} \tag{4.14}$$

对于单色平面波 $\boldsymbol{E},\boldsymbol{B}\sim\exp[\mathrm{i}(\boldsymbol{k}\cdot\boldsymbol{x}-\omega t)]$，则有

$$\boldsymbol{k}\times(\boldsymbol{k}\times\boldsymbol{E}) + \frac{\omega^2}{c^2}\boldsymbol{\varepsilon}\cdot\boldsymbol{E} = 0 \tag{4.15}$$

---

① 事实上，只有在定态的情况下，介质与导体的响应才可以一致，此时导体中的电子随外场在其平衡位置附近振荡，与极化电荷的图像是一致的。

② $\boldsymbol{D}$ 与 $\boldsymbol{E}$ 的正比关系只有在定态情况下才成立，其正比系数即介电张量与频率有关，因此下面第二式的后面等式只在定态的假设下成立。

或

$$\left(\boldsymbol{kk} - k^2\boldsymbol{I} + \frac{\omega^2}{c^2}\boldsymbol{\varepsilon}\right)\cdot\boldsymbol{E} = 0 \tag{4.16}$$

这是关于 $\boldsymbol{E}$ 的3个分量方程,将 $\boldsymbol{k}$ 点乘上式,可以得到其平行于 $\boldsymbol{k}$ 分量的方程:

$$\boldsymbol{k}\cdot\boldsymbol{\varepsilon}\cdot\boldsymbol{E} = 0 \tag{4.17}$$

若扰动电场可以用扰动电势来表示,即

$$\boldsymbol{E} = -\nabla\varphi = -\mathrm{i}\varphi\boldsymbol{k} \tag{4.18}$$

则称为静电扰动,相应扰动的本征模式称为静电模式或静电波。式(4.18)表明了静电波一定是纵波。同时,根据 $\omega\boldsymbol{B} = k\times\boldsymbol{E} = 0$ 可知,静电波的扰动磁场为零。因此,有势、纵波和无磁这三个性质中任何一个都可以作为静电模式的定义,它们之间可以相互推及。不是静电扰动模式的则一律称为电磁扰动。

对静电波,式(4.17)变成

$$(\boldsymbol{k}\cdot\boldsymbol{\varepsilon}\cdot\boldsymbol{k})\varphi = 0 \tag{4.19}$$

故静电波的色散关系为

$$\boldsymbol{k}\cdot\boldsymbol{\varepsilon}\cdot\boldsymbol{k} = 0 \tag{4.20}$$

对一般的电磁扰动电势,式(4.16)的3个分量方程必须兼顾,其电场扰动 $\boldsymbol{E}$ 有非零解的条件是系数行列式值为零,即

$$\det\left|\boldsymbol{kk} - k^2\boldsymbol{I} + \frac{\omega^2}{c^2}\boldsymbol{\varepsilon}\right| = 0 \tag{4.21}$$

这就是电介质中波的色散关系的一般形式。若定义无量纲的波矢量(其大小即为通常意义上介质的折射率)

$$\boldsymbol{n} \,\widehat{=}\, \frac{c}{\omega}\boldsymbol{k} \tag{4.22}$$

则式(4.21)可写成

$$\det\left|\boldsymbol{nn} - n^2\boldsymbol{I} + \boldsymbol{\varepsilon}\right| = 0 \tag{4.23}$$

4.2.2 冷等离子体的介电常数

冷等离子体的热压力为零,等离子体流体对电磁场的响应仅需一个运动方程即可给出。为了具有较好的普适性,我们设等离子体为多成分的流体。对每一种成分,运动方程为

$$m_\alpha\frac{\mathrm{d}\boldsymbol{u}_\alpha}{\mathrm{d}t} = q_\alpha(\boldsymbol{E} + \boldsymbol{u}_\alpha\times\boldsymbol{B}) \tag{4.24}$$

其中，α 可代表电子以及一种以上的离子。对此方程线性化，有

$$m_{\alpha}\frac{\partial \boldsymbol{u}_{\alpha}}{\partial t} = q_{\alpha}(\boldsymbol{E} + \boldsymbol{u}_{\alpha} \times \boldsymbol{B}_{0}) \tag{4.25}$$

这里，我们仅考虑 $\boldsymbol{u}_{\alpha 0}=0$ 的情况。同时，为了简洁，我们已经取消了小扰动量的下标"1"，但对于平衡量仍然保持"0"的下标。对于单色平面波扰动，式(4.25)变成代数方程：

$$\boldsymbol{u}_{\alpha} = \frac{\mathrm{i}q_{\alpha}}{m_{\alpha}\omega}(\boldsymbol{E} + \boldsymbol{u}_{\alpha} \times \boldsymbol{B}_{0}) \tag{4.26}$$

由此方程，我们可以得到流体运动速度与电场的关系，再由

$$\boldsymbol{J} = \sum_{\alpha} n_{\alpha 0} q_{\alpha} \boldsymbol{u}_{\alpha} \tag{4.27}$$

可以获得扰动电流密度与电场强度的关系，从而可导出电导率张量与介电张量①。

在这里，磁场方向为一特殊的方向，我们不妨取为 Z 轴方向。应用直角坐标系，可将式(4.26)写成分量式：

$$\begin{cases} u_{\alpha x} = \dfrac{\mathrm{i}q}{m_{\alpha}\omega}(E_{x} + u_{\alpha y}B_{0}) \\ u_{\alpha y} = \dfrac{\mathrm{i}q}{m_{\alpha}\omega}(E_{y} - u_{\alpha x}B_{0}) \\ u_{\alpha z} = \dfrac{\mathrm{i}q}{m_{\alpha}\omega}E_{z} \end{cases} \tag{4.28}$$

或写成

$$\boldsymbol{A}_{\alpha} \cdot \boldsymbol{u}_{\alpha} = \mathrm{i}\beta_{\alpha}\boldsymbol{E} \tag{4.29}$$

其中，张量 $\boldsymbol{A}_{\alpha}$ 的矩阵形式为

$$\boldsymbol{A}_{\alpha} = \begin{pmatrix} 1 & -\dfrac{\mathrm{i}\omega_{\mathrm{c}\alpha}}{\omega} & 0 \\ \dfrac{\mathrm{i}\omega_{\mathrm{c}\alpha}}{\omega} & 1 & 0 \\ 0 & 0 & 1 \end{pmatrix} \tag{4.30}$$

$$\beta_{\alpha} = \frac{q_{\alpha}}{m_{\alpha}\omega}, \quad \omega_{\mathrm{c}\alpha} = \frac{q_{\alpha}B_{0}}{m_{\alpha}} \tag{4.31}$$

---

① 方程(4.27)是经过线性化手续的，因 $\boldsymbol{u}_{\alpha 0}=0$，故

$$\sum_{\alpha} n_{\alpha} q_{\alpha} \boldsymbol{u}_{\alpha 0} = 0$$

于是介电张量可以写成

$$\boldsymbol{\varepsilon} = \boldsymbol{I} + \frac{\mathrm{i}}{\varepsilon_0 \omega}\boldsymbol{\sigma} = \boldsymbol{I} - \frac{1}{\varepsilon_0 \omega}\sum_{\alpha}(n_{\alpha 0} q_{\alpha} \beta_{\alpha} \boldsymbol{A}_{\alpha}^{-1})$$

$$= \boldsymbol{I} - \sum_{\alpha}\left(\frac{\omega_{\mathrm{p}\alpha}^2}{\omega^2}\boldsymbol{A}_{\alpha}^{-1}\right) \tag{4.32}$$

这里 $\boldsymbol{A}_{\alpha}^{-1}$ 为 $\boldsymbol{A}_{\alpha}$ 的逆矩阵，$\omega_{\mathrm{p}\alpha} = (n_{\alpha 0} q_{\alpha}^2 / \varepsilon_0 m_{\alpha})^{1/2}$ 称为分量等离子体频率。不难求出①：

$$\boldsymbol{A}_{\alpha}^{-1} = \frac{1}{1 - \dfrac{\omega_{\mathrm{c}\alpha}^2}{\omega^2}}\begin{pmatrix} 1 & \dfrac{\mathrm{i}\omega_{\mathrm{c}\alpha}}{\omega} & 0 \\ -\dfrac{\mathrm{i}\omega_{\mathrm{c}\alpha}}{\omega} & 1 & 0 \\ 0 & 0 & 1 - \dfrac{\omega_{\mathrm{c}\alpha}^2}{\omega^2} \end{pmatrix} \tag{4.33}$$

这样，等离子体介电张量可写成

$$\boldsymbol{\varepsilon} = \begin{pmatrix} S & -\mathrm{i}D & 0 \\ \mathrm{i}D & S & 0 \\ 0 & 0 & P \end{pmatrix} \tag{4.34}$$

其中，

$$S = 1 - \sum_{\alpha}\frac{\omega_{\mathrm{p}\alpha}^2}{\omega^2 - \omega_{\mathrm{c}\alpha}^2} \tag{4.35}$$

$$D = \sum_{\alpha}\frac{\omega_{\mathrm{p}\alpha}^2 \omega_{\mathrm{c}\alpha}}{\omega(\omega^2 - \omega_{\mathrm{c}\alpha}^2)} \tag{4.36}$$

$$P = 1 - \sum_{\alpha}\frac{\omega_{\mathrm{p}\alpha}^2}{\omega^2} \tag{4.37}$$

从等离子体介电张量的表达式(4.34)可以看到，磁化等离子体是各向异性的介质，在与磁场垂直及平行方向上等离子体的响应特性不同。当磁场趋于零时，介电张量退化成对角张量，并且3个对角项相等，于是等离子体恢复其各向同性的特征。

对任何介质，当频率趋于无穷，或密度趋于零时，应该可以获得真空极限。等离子体也是如此，在这两种极限下，其介电张量退化为单位矩阵。当扰动频率低于等

---

① 求逆矩阵的方法。将矩阵 $\boldsymbol{A}_{\alpha}$ 右边拼上单位矩阵后有$(\boldsymbol{A}_{\alpha}\boldsymbol{I}_{\alpha})$，通过线性变换将新矩阵左半部化成单位矩阵，可得$(\boldsymbol{I}_{\alpha}\boldsymbol{A}_{\alpha}^{-1})$，此时右半部即为原矩阵的逆矩阵。

离子体所有的特征频率的低频极限时，我们可以得到介电张量中各项的近似式：

$$\lim_{\omega\to0}S = 1+\sum_\alpha \frac{\omega_{p\alpha}^2}{\omega_{c\alpha}^2} = 1+\sum_\alpha \frac{n_{\alpha0}m_\alpha}{\varepsilon_0 B_0^2} = 1+\frac{\rho}{\varepsilon_0 B_0^2}$$

$$\lim_{\omega\to0}D = -\lim_{\omega\to0}\sum_\alpha \frac{\omega_{p\alpha}^2}{\omega\omega_{c\alpha}} = -\lim_{\omega\to0}\sum_\alpha \frac{n_{\alpha0}q_\alpha}{\varepsilon_0 B_0\omega} = 0 \tag{4.38}$$

$$\lim_{\omega\to0}P = -\lim_{\omega\to0}\sum_\alpha \frac{\omega_{p\alpha}^2}{\omega^2} = -\infty$$

若等离子体中仅有电子和离子两种成分，我们可以绘制出 S、D、P 随频率的变化关系曲线，如图 4.1 所示。其中 S、D 在电子、离子回旋频率处有奇点，S 有两个零点，D 除在零频处为零外没有其他零点，P 则是一个单调增函数，在等离子体频率处过零点。

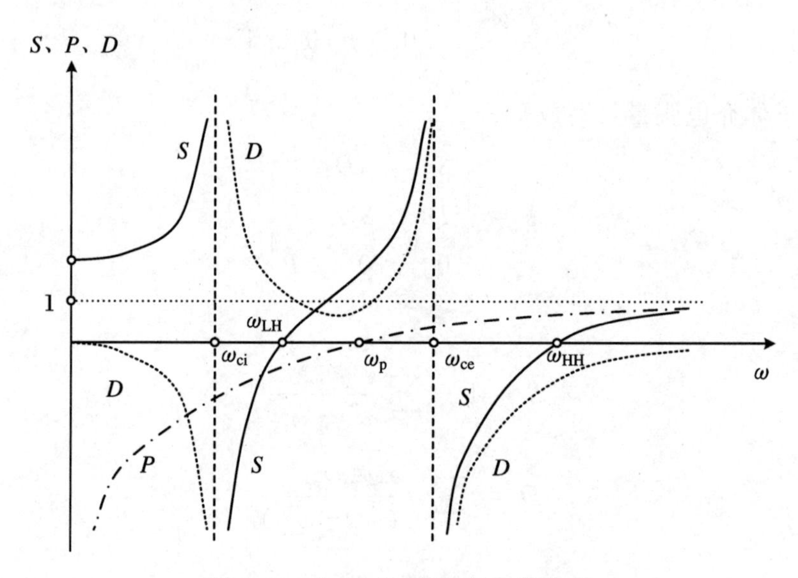

图 4.1　S、D、P 随频率变化曲线

4.2.3　冷等离子体波

在磁化等离子体中，外加磁场使得等离子体成为各向异性的介质，磁场的方向是空间的特殊方向，等离子体在磁场方向上对扰动的响应有别于与磁场垂直的方向。对等离子体波动问题而言，波的传播方向又成为一个新的特殊方向，所以，($\boldsymbol{B}_0$, $\boldsymbol{k}$)构成了空间特殊的平面。为了方便，不妨取此平面为 X-Z 平面，波矢与外磁场的夹角 θ，即

$$\boldsymbol{k} = k(\sin\theta\,\boldsymbol{e}_x + \cos\theta\,\boldsymbol{e}_z) \tag{4.39}$$

或

$$\boldsymbol{n} = n\sin\theta\,\boldsymbol{e}_x + n\cos\theta\,\boldsymbol{e}_z \hat{=} n_{\perp}\,\boldsymbol{e}_x + n_{\parallel}\,\boldsymbol{e}_z \tag{4.40}$$

于是由式(4.23)可知,波的色散关系为

$$\begin{vmatrix} S - n^2\cos^2\theta & -\mathrm{i}D & n^2\sin\theta\cos\theta \\ \mathrm{i}D & S - n^2 & 0 \\ n^2\sin\theta\cos\theta & 0 & P - n^2\sin^2\theta \end{vmatrix} = 0 \tag{4.41}$$

展开有①

$$An^4 - Bn^2 + C = 0 \tag{4.42}$$

其中,

$$\begin{cases} A \hat{=} P\cos^2\theta + S\sin^2\theta \\ B \hat{=} SP(1+\cos^2\theta) + (S^2 - D^2)\sin^2\theta \\ C \hat{=} P(S^2 - D^2) \end{cases} \tag{4.43}$$

为了方便计算,我们可以引入两个新的符号②:

$$R = S + D = 1 - \sum_{\alpha}\frac{\omega_{\mathrm{p}\alpha}^2}{\omega(\omega + \omega_{\mathrm{c}\alpha})} \tag{4.44}$$

$$L = S - D = 1 - \sum_{\alpha}\frac{\omega_{\mathrm{p}\alpha}^2}{\omega(\omega - \omega_{\mathrm{c}\alpha})} \tag{4.45}$$

反之则有

$$S = \frac{R + L}{2},\quad D = \frac{R - L}{2} \tag{4.46}$$

于是,诸系数可写成

$$\begin{cases} A = P\cos^2\theta + S\sin^2\theta \\ B = SP(1+\cos^2\theta) + RL\sin^2\theta \\ C = PRL \end{cases} \tag{4.47}$$

不难证明,式(4.42)可写成所谓的艾利斯(Alice)形式:

$$\tan^2\theta = -\frac{P(n^2 - R)(n^2 - L)}{(n^2 - P)(Sn^2 - RL)} \tag{4.48}$$

这样,我们获得了冷等离子体中本征模式所应满足的色散方程。对任一确定的传播

---

① 此式看起来有 n^6 项,但很容易看出,两对角线乘积项给出的 n^6 系数相互抵消。

② 采用 Stix 记法,记号含义:R(Right),L(Left),S(Sum),D(Difference)。

方向,均存在两种不同的波动模式,其色散关系由下式确定:

$$n^2 = \frac{1}{2A}\left(B \pm \sqrt{B^2 - 4AC}\right) \tag{4.49}$$

当 $n^2>0$ 时,k 为实数,因而所对应的波模是可以传播的模式。若 $n^2<0$,k 为虚数,则所对应的波模为衰减波模。$n^2=0$ 的情况,称为截止(cutoff),此时波的相速度 $\omega/k\to\infty$,波将被反射。若 $n^2\to\infty$,则称为共振(resonance),此时波的相速度、群速度均为零,波动的能量将产生汇聚,一般而言,能量汇聚的结果会产生耗损机制,波的能量将被粒子吸收。

在本章中,我们应用了整个空间的傅里叶变换,这隐含了整个空间参数是均匀的假定。实际上,当空间参数是弱不均匀的时候,这种变换的方法还是有效的,只是将波矢(或波长)考虑成是空间的弱变化的函数。很显然,这种弱不均匀的假定要求:

$$\left|\frac{\nabla k}{k^2}\right| \ll 1 \tag{4.50}$$

即在一个波长的尺度中,波矢(或波长)的相对变化很小,这种近似称为 WKB 近似。

等离子体的参数(如密度)在空间变化可以引起折射率 n 的变化,在这种非均匀等离子体中,波的传播(能流)可以类比于光在介质中的传播。我们知道光线在非均匀介质中传播有折向光密区域的趋向,在截止层和共振层附近的传播图像如图 4.2 所示。当波向截止层处传播时,逐渐转向而被反射。如果是正入射,则波可以到达截止层处,斜入射则在截止层前就已转向。波向共振层传播时,不论是斜入射,还是正入射,在到达共振层时波的轨迹一定垂直于共振层。

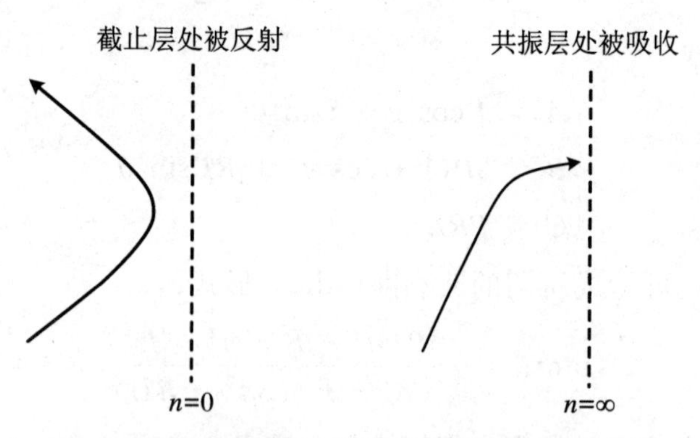

图 4.2　波在截止层、共振层附近的传播轨迹

(此时已假定 n 在空间是变化的)

截止和共振是等离子体波动现象的要点,我们先来考察波的截止频率。当式

(4.47)中的 $C=0$ 时，两支波中有一支是截止的，故截止条件为，$P=0$，$R=0$ 或 $L=0$，截止条件与波的传播方向无关。这3个截止条件分别给出的3个不同的截止频率。

当 $P=0$ 时，截止频率为寻常波（电磁波）的截止频率，与等离子体频率一致：

$$\omega_{\mathrm{p}} \widehat{=} (\omega_{\mathrm{pe}}^2 + \omega_{\mathrm{pi}}^2)^{1/2} \approx \omega_{\mathrm{pe}} \tag{4.51}$$

当 $R=0$ 时，截止频率称为右旋波截止频率：

$$\omega_{\mathrm{R}} \approx \left(\omega_{\mathrm{pe}}^2 + \frac{\omega_{\mathrm{ce}}^2}{4}\right)^{1/2} + \frac{\omega_{\mathrm{ce}}}{2} \tag{4.52}$$

当 $L=0$ 时，截止频率称为左旋波截止频率：

$$\omega_{\mathrm{L}} \approx \left(\omega_{\mathrm{pe}}^2 + \frac{\omega_{\mathrm{ce}}^2}{4}\right)^{1/2} - \frac{\omega_{\mathrm{ce}}}{2} \tag{4.53}$$

为了方便，本书中我们在一般的代数式中，回旋频率保持正负号，即 $\omega_{\mathrm{c}\alpha} = q_\alpha B/m_\alpha$。当称电子回旋频率、离子回旋频率时，则均取正值，即 $\omega_{\mathrm{ci}} = eB/m_{\mathrm{i}}$，$\omega_{\mathrm{ce}} = eB/m_{\mathrm{e}}$。比较这3个截止频率，有

$$\omega_{\mathrm{R}} \geqslant \omega_{\mathrm{pe}} \geqslant \omega_{\mathrm{L}} \tag{4.54}$$

再来考察波的共振频率。当 $A=0$ 时，有一支波发生共振。故共振条件为

$$\tan^2\theta = -\frac{P}{S} \tag{4.55}$$

显然，共振频率与传播方向有关。上式表明，共振频率处于 P,S 正负相反的区域。由图4.1所示的 P,S 图可知，若离子种类是单一的，则存在3个共振频率，具体值与波的传播方向有关。图4.3给出了式(4.55)的图解，由此可知，当传播方向改变时，3个共振频率的变化范围为

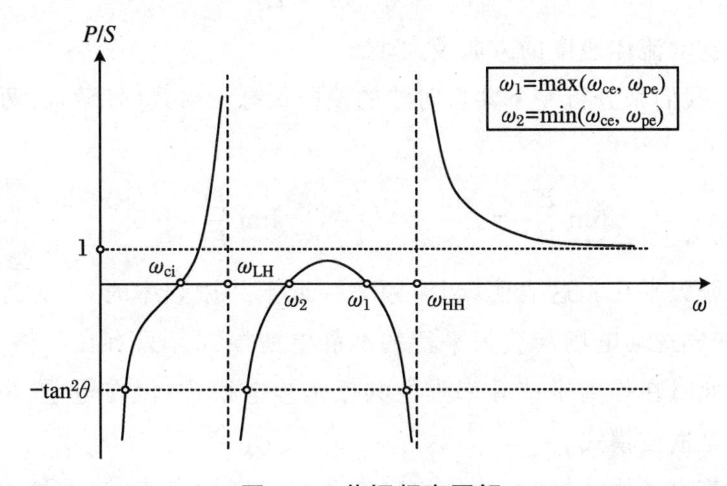

图4.3　共振频率图解

$$\begin{cases} 0 \leqslant \omega_{\text{re1}} \leqslant \omega_{\text{ci}} \\ \omega_{\text{LH}} \leqslant \omega_{\text{re2}} \leqslant \min(\omega_{\text{ce}}, \omega_{\text{pe}}) \\ \max(\omega_{\text{ce}}, \omega_{\text{pe}}) \leqslant \omega_{\text{re3}} \leqslant \omega_{\text{HH}} \end{cases} \tag{4.56}$$

其中，ω_{LH}和 ω_{HH}是垂直于磁场方向传播的波模所存在的 2 个共振频率，分别称为低杂共振频率和高杂共振频率。垂直于磁场传播的波模另一个共振频率退化为零频。而对平行于磁场方向传播的波，则有 $\omega_{\text{ci}}, \omega_{\text{ce}}, \omega_{\text{pe}}$ 3 个共振频率，分别称为左旋共振频率、右旋共振频率和等离子体共振频率。左(右)旋共振频率也称离子(电子)回旋共振频率。

值得注意的是，但凡言及共振或截止，必须与特定的波动模式相联系，一种波模在某个频率上发生共振或截止，并不表示其他的模式也在此频率上发生共振或截止。正如我们所看到的，在 ω_{pe}这个频率上，对电磁波是截止频率，而对静电波(后面课程将介绍)则是共振频率。

波动的另一个重要特征是波动的偏振状态。对任一种特征的波动模式，其扰动电场的矢量方向(即偏振状态)是确定的。将特定模式波的色散关系 $n = n(\omega)$代入波的运动方程：

$$\begin{pmatrix} S - n^2\cos^2\theta & -\text{i}D & n^2\sin\theta\cos\theta \\ \text{i}D & S - n^2 & 0 \\ n^2\sin\theta\cos\theta & 0 & P - n^2\sin^2\theta \end{pmatrix} \begin{pmatrix} E_x \\ E_y \\ E_z \end{pmatrix} = 0 \tag{4.57}$$

就可以得到电场各分量之间的相对比值，因而确定了扰动电场的方向。更进一步，我们还可以通过扰动速度与电场的关系：

$$\boldsymbol{u}_\alpha = \text{i}\beta_\alpha \boldsymbol{A}_\alpha^{-1} \cdot \boldsymbol{E} \tag{4.58}$$

来确定该模式扰动流体速度的方向及大小。

作为例子，我们来分析一下共振时波的偏振状态。由式(4.57)后两式可知，当 $\theta \neq 0$ 时

$$\lim_{n\to\infty} \frac{E_x}{E_z} = \frac{\sin\theta}{\cos\theta} = \frac{k_x}{k_z}, \quad \lim_{n\to\infty} \frac{E_y}{E_x} \to 0 \tag{4.59}$$

即扰动电场与波矢平行。这表明，当波频率接近于共振频率时，不论原来的波动模式为何，都将变成扰动电场与波矢平行的准静电波模式。只有在严格 $\theta = 0$ 的情况下，有所不同，此时在等离子体频率处的共振是静电模式，但在电子、离子回旋频率处的共振仍然是横波模式。

在发生冷等离子体共振时，波的相速度和群速度均趋于零，波模退化成一种静

电振荡模式(回旋共振除外),这种模式并不导致能量在空间传播。垂直与水平方向的三个静电振荡模式分别称为低杂混振荡、高杂混振荡以及等离子体振荡。我们将会看到,当考虑温度效应后,这三种静电振荡均可以转变成传播波模。

4.3　低频近似和阿尔芬波

当频率极低时,磁流体对扰动的响应主要为流体和磁场的响应。在磁流体中,磁场与等离子体流体紧密耦合在一起。我们知道,磁场具有磁压强 $B_0^2/2\mu_0$,所以类比于流体中的声波(4.1节)由磁压强决定的"磁声波"速度应为

$$\left(\frac{\frac{\gamma_B B_0^2}{2\mu_0}}{\rho}\right)^{1/2} = \left(\frac{\gamma_B B_0^2}{2\mu_0\rho}\right)^{1/2} = \left(\frac{B_0^2}{\mu_0\rho}\right)^{1/2} \hat{=} V_A \tag{4.60}$$

其中,V_A 称为阿尔芬(Alfvén)速度;γ_B 是等效的比热比。由于磁压强对应的运动垂直于磁场,应该具有两个自由度,故这里将 γ_B 的值取为 $2(\gamma = 1 + 2/N = 2)$。

4.3.1　阿尔芬波色散关系

当波动的频率远低于等离子体中所有的特征频率时,与这些频率相联系的固有运动模式都不会被激发,因而对波的色散关系没有影响。一般而言,等离子体中最低的特征频率为离子回旋频率,若取 $\omega \ll \omega_{ci}$ 的低频近似,则有 $D \approx 0$,$P \to -\infty$,

$$S \approx R \approx L \approx 1 + \frac{\rho}{\varepsilon_0 B_0^2} = 1 + \frac{C^2}{V_A^2} \tag{4.61}$$

在色散关系的艾利斯表达式(4.48)中,取 $P \to \infty$ 极限,有

$$\tan^2\theta = \frac{(n^2 - R)(n^2 - L)}{Sn^2 - RL} = \frac{(n^2 - S)^2}{S(n^2 - S)} \tag{4.62}$$

很明显,此方程存在下面两个解:

$$\begin{cases} n^2 = S \\ n^2 = S(1 + \tan^2\theta) = \dfrac{S}{\cos^2\theta} \end{cases} \tag{4.63}$$

第一解对应着扰动流体发生挤压与扩张变形的模式,称压缩阿尔芬波;第二解对应

着使磁力线产生剪切变形的模式，称为剪切阿尔芬波。压缩阿尔芬波通常称为磁声波，它与普通流体中声波的机理相当，而剪切阿尔芬波则是磁流体中出现的新的模式，通常直接称为阿尔芬波。

4.3.2 阿尔芬波的扰动图像

在低频近似下，波扰动电场所满足的方程为

$$\begin{pmatrix} S - n^2\cos^2\theta & 0 & n^2\sin\theta\cos\theta \\ 0 & S - n^2 & 0 \\ n^2\sin\theta\cos\theta & 0 & P - n^2\sin^2\theta \end{pmatrix}\begin{pmatrix} E_x \\ E_y \\ E_z \end{pmatrix} = 0 \tag{4.64}$$

从方程的第三式可知，当 $P\to\infty$ 时，必须有 $E_z\to 0$。这就是说，无论波的模式、传播方向、频率为何，阿尔芬波的扰动电场总是垂直于外加磁场。再进一步，根据扰动流体速度与电场的关系，我们还可以知道扰动流体的速度同样也垂直于外磁场。在低频近似下，垂直于外磁场平面上扰动流体速度 $\boldsymbol{u}_{\alpha\perp}$ 与扰动电场 $\boldsymbol{E}_{\perp}$ 之间的关系可写成

$$\boldsymbol{u}_{\alpha\perp} = \begin{pmatrix} 0 & \dfrac{1}{B_0} \\ -\dfrac{1}{B_0} & 0 \end{pmatrix}\begin{pmatrix} E_x \\ E_y \end{pmatrix} \tag{4.65}$$

这实际上是粒子在电场作用下的电漂移速度，与流体成分无关。因此，各种流体是作为一个整体来响应低频的阿尔芬波扰动，实际上，用单一成分的磁流体方程就可以描述阿尔芬波，阿尔芬波也称为磁流体力学(MHD)波。

波动对确定的空间点而言是振动，固有振动模式与体系中存在的某种负反馈机制相联系。如弹性振子，弹性特征提供了振子位移的负反馈机理，振子一旦有位移，弹性力总是使位移减小。阿尔芬波相应的振荡机理则是等离子体流体与外界磁场相互作用的结果。若初始等离子体流体中发生了垂直于外磁场的运动 $\boldsymbol{u}_\alpha$，这种运动将在流体中产生感生的电场 $\boldsymbol{E}=\boldsymbol{u}_\alpha\times\boldsymbol{B}_0$，在此电场下，流体又会发生 $\boldsymbol{E}\times\boldsymbol{B}$ 漂移，其漂移速度与初始的扰动速度方向相反。这种负反馈的机理正是局域阿尔芬振荡的原因。

4.3.3 剪切阿尔芬波

剪切阿尔芬波的色散关系为

$$n^2 = \frac{V_A^2 + C^2}{V_A^2 \cos^2\theta} \approx \frac{C^2}{V_A^2 \cos^2\theta} \tag{4.66}$$

或

$$\omega = V_A k \cos\theta = V_A k_z \tag{4.67}$$

因而，剪切阿尔芬波相速度的大小为 $V_A \cos\theta$，群速度为

$$\boldsymbol{v}_g = \frac{\partial\omega}{\partial k_x}\boldsymbol{e}_x + \frac{\partial\omega}{\partial k_z}\boldsymbol{e}_z = V_A \boldsymbol{e}_z \tag{4.68}$$

即波的能流方向平行于外加磁场①，能流传播速度为阿尔芬速度。

由方程组(4.64)的第二式可知，对剪切阿尔芬波，必须有 $E_y = 0$，扰动电场只有 X 分量($E_x \neq 0$)。根据式(4.65)，流体扰动速度与扰动电场垂直，故剪切阿尔芬扰动流体的速度沿 Y 方向，流体扰动的方向与($\boldsymbol{B}_0$，$\boldsymbol{k}$)所构成的面垂直。

注意到，流体的扰动在 Y 方向上，但由于时空变化的形式已设定为 $\exp[\mathrm{i}(k_x x + k_z z)]$，与 Y 坐标无关，因而在流体扰动的方向上，扰动速度大小相同，流体没有因为波的扰动而出现挤压或拉伸现象，所以这是无压缩的扰动。如果流体在 X 为常数的某平面内产生了此类扰动(当然 k_x 必须有一定的分布)，不会影响和波及 X 方向上的其他平面的流体，这就是波不能在垂直于磁场方向传播的机理。剪切阿尔芬波的流体扰动图像如图 4.4 所示。

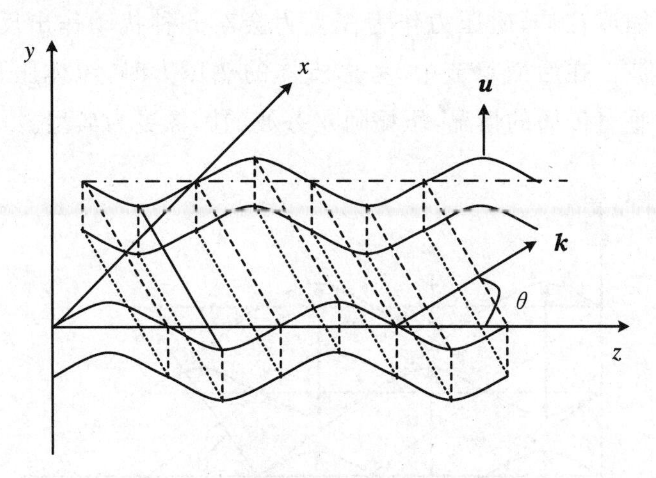

图 4.4 剪切阿尔芬波流体扰动图

① 也可以反平行于磁场，式(4.67)中可以取负号。

4.3.4 压缩阿尔芬波

压缩阿尔芬波的色散关系为

$$n^2 = 1 + \frac{c^2}{V_A^2} \approx \frac{c^2}{V_A^2} \tag{4.69}$$

或

$$\omega = \pm V_A k \tag{4.70}$$

同样,可以推出压缩阿尔芬波的群速度为

$$\boldsymbol{v}_g = \frac{\partial \omega}{\partial k_x}\boldsymbol{e}_x + \frac{\partial \omega}{\partial k_z}\boldsymbol{e}_z = V_A \frac{\boldsymbol{k}}{k} \tag{4.71}$$

与相速度完全一致。

在平行于磁场的传播方向上,压缩阿尔芬波与剪切相速度相等,但在其他方向上,压缩模式的相速度高于剪切模式,因而压缩模式也称为快模式。与剪切阿尔芬波不同,压缩阿尔芬波扰动电场在 Y 方向上,与($\boldsymbol{B}_0$,$\boldsymbol{k}$)面垂直,扰动流体速度则在此平面内。由于涉及流体波动的物理量 $\boldsymbol{u}_\alpha$、$\boldsymbol{B}_0$、$\boldsymbol{k}$ 在同一平面内,压缩阿尔芬波实际上是一个两维的平面问题,如图 4.5 所示。在 X 方向上进行的局域扰动,必然对邻近流体进行压缩或拉伸,磁压力作为恢复力会对此种扰动作出反应,产生类似于流体声波的磁声波。在后面章节中,考虑流体的热压力时,流体压强与磁压力可以共同起作用。对垂直传播的情况,压缩阿尔芬波的图像更为典型。

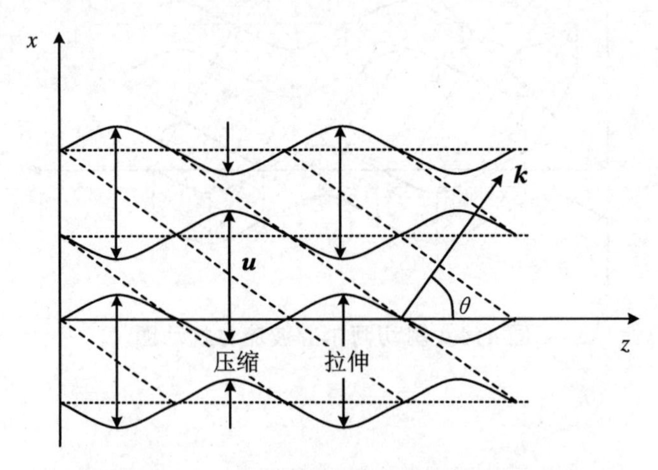

图 4.5 压缩阿尔芬波流体扰动图

4.4　平行于磁场的磁流体线性波

波的传播方向与外磁场方向平行或垂直，是两种重要的特殊情况。这时波动的图像比较简洁，容易把握。一般而言，任意传播方向的波模的特征总可以理解为这两种特殊情况下的某种形式的过渡，只要熟知了这两种基本情况下的波动模式，对所有传播的波模都会有一个基本的、至少是定性的了解。下面我们分别就这两个特殊传播方向的波模进行介绍。

4.4.1　平行于磁场传播的波之色散关系

在波色散关系的艾利斯表达式(4.48)中取 $\theta=0$，即得出平行于外磁场传播的波之色散关系：

$$P(n^2-R)(n^2-L)=0 \tag{4.72}$$

很明显，此式有三个相互独立的解，$P=0$，$n^2=R$ 和 $n^2=L$，分别对应着三种不同的波动模式。我们下面将会看到，这三种模式代表了可能的三种偏振状态，即一个纵波模式和两个横波模式。

平行于外磁场传播的波波动方程简化为

$$\begin{pmatrix} S-n^2 & -\mathrm{i}D & 0 \\ \mathrm{i}D & S-n^2 & 0 \\ 0 & 0 & P \end{pmatrix}\begin{pmatrix} E_x \\ E_y \\ E_z \end{pmatrix}=0 \tag{4.73}$$

据此可以获得三个不同模式的电场偏振状态。

4.4.2　朗缪尔振荡

$P=0$ 这一个解所对应的波动模式称为朗缪尔振荡，色散关系给出了这种振荡的频率：

$$\omega=(\omega_{\mathrm{pi}}^2+\omega_{\mathrm{pe}}^2)^{1/2} \,\widehat{=}\, \omega_{\mathrm{p}} \tag{4.74}$$

这是一种退化的波动模式，波动的频率与波数无关，因而其群速度为零，波的能量

(信息)在空间不能传播,振荡只能局限在扰动的局域位置。对于这种模式,我们可以将等离子体比拟为空间分布的小振子组成,这些振子之间没有任何关联,振子均可以独立地振动,通过适当安排这些振子的振动相位,可以得到任意的相位传播速度。然而,任一振子振幅的变化均不会引起周围振子振幅的改变,因此这种振子组合不会传递能量或信息,或曰群速度为零。后面将要说明,当考虑等离子体热压力时,粒子的热运动使得局域振荡的能量(信息)可以传递给附近的等离子体,结果朗缪尔振荡可以在空间传播,形成朗缪尔波。

将 $P=0$ 代入线性波的运动方程,可知此时扰动电场平行于波矢方向,也平行于外磁场的方向。因此朗缪尔振荡是静电模式,故也称为等离子体静电振荡。同样,我们可以得到流体的扰动速度:

$$\boldsymbol{u}_\alpha = \mathrm{i}\beta_\alpha \boldsymbol{A}_\alpha^{-1} \cdot \boldsymbol{E} = \mathrm{i}\beta_\alpha \boldsymbol{E} \tag{4.75}$$

流体的扰动速度方向与扰动电场平行,离子成分扰动速度与电场方向一致,电子成分则反向。同时速度扰动与电场扰动之间存在 $\pi/2$ 的相位差,这表明了朗缪尔振荡过程中流体运动的动能与电场能相互转换,流体速度最大时没有电荷分离,其电场能量为零,当流体速度为零时,则电荷分离最大,流体的动能完全转换成静电场的能量,这一图像在第1章的简单的集体振荡模型中我们就已经建立了。

由式(4.75)也可以看出,离子成分的流体速度远小于电子成分,离子实际上可以视为静止,故朗缪尔振荡也称为电子等离子体振荡。

4.4.3 右旋偏振波

$n^2=R$ 这一个解所对应的波动模式称为右旋偏振波,其色散关系为

$$n^2 = 1 - \sum_\alpha \frac{\omega_{\mathrm{p}\alpha}^2}{\omega(\omega + \omega_{\mathrm{c}\alpha})} = 1 - \frac{\omega_{\mathrm{p}}^2}{(\omega - \omega_{\mathrm{ce}})(\omega + \omega_{\mathrm{ci}})} \tag{4.76}$$

首先,将色散关系代入波的运动方程式(4.73),考察此模式电场的偏振方向。由于此时 $P\neq0$,必须有 $E_z=0$,故波的扰动电场垂直于波的传播方向,属于横波模式。垂直平面内两电场分量之比为

$$\frac{E_x}{E_y} = \mathrm{i}\frac{S-n^2}{D} = \mathrm{i}\frac{S-R}{D} = -\mathrm{i} = \mathrm{e}^{\mathrm{i}(-\pi/2)} \tag{4.77}$$

其中,$|E_x/E_y|=1$,故此模式为圆偏振模式,且 E_x 比 E_y 落后 $\pi/2$ 相位,其电场矢量

的旋转方向与波矢的方向构成右手螺旋，故此模式称为右旋偏振波①。

其次，我们分析一下右旋偏振波的色散关系曲线。在频率远大于包括电子回旋频率和等离子体频率在内的所有等离子体特征频率的极高频情况下，等离子体作为介质对电磁波的作用可以忽略，折射率趋于真空折射率。在频率远小于离子回旋频率的低频情况下，过渡成阿尔芬波，相速度为阿尔芬速度。在电子回旋频率上，右旋偏振波发生共振，而在右旋截止频率

$$\omega_R \approx \left(\omega_{pe}^2 + \frac{\omega_{ce}^2}{4}\right)^{1/2} + \frac{\omega_{ce}}{2} \tag{4.78}$$

处出现截止。右旋波的完整的色散关系曲线如图4.6所示。

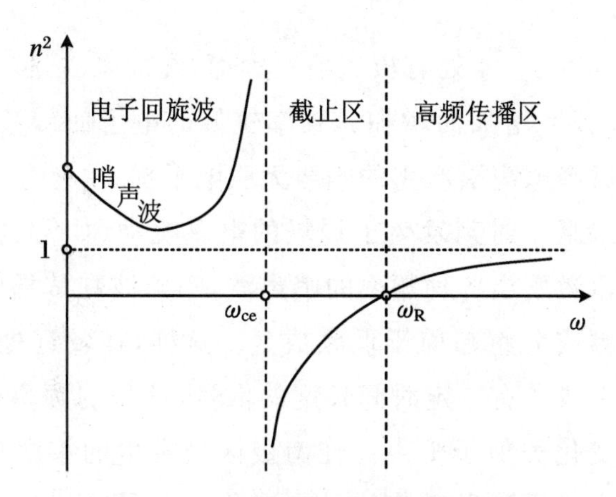

图4.6　右旋偏振波的色散曲线

从色散关系曲线可以知道，右旋偏振波在 $\omega_{ce}<\omega<\omega_R$ 频率区间 $n^2<0$，不能传播。可以传播的区间分成两段，$\omega<\omega_{ce}$ 和 $\omega>\omega_R$。其中 $\omega<\omega_{ce}$ 这一段与电子的回旋运动特征紧密相关，特别称之为电子回旋波。右旋波的电场旋转方向与电子回旋运动一致，当波的频率与电子回旋频率相等时，在电子看来，波动的电场几乎是不变的，可以持续地对电子施加作用，产生共振。在微波波段，利用电子回旋共振加速电子，实现气体放电产生等离子体是一种常用的手段，称为电子回旋共振等离子体，简称ECR等离子体。

在电子回旋波这一段，若只考虑较高频率的情况，即 $\omega\gg\omega_{ci}$，则可以忽略离子对色散关系的贡献，于是有

---

①　等离子体中波的右旋、左旋与光学中的定义正好相反。因为光学中是以观察者的观察方向为参考方向，是逆光传播方向，而等离子体中其参考方向为波的传播方向，即波矢方向。

$$n^2 = 1 - \frac{\omega_{pe}^2}{\omega(\omega - \omega_{ce})} \tag{4.79}$$

这个色散曲线不是单调的，在 $\omega = \omega_{ce}/2$ 处，n^2 有极小值，波的相速度达到极大。在很多情况下，电子回旋波的相速度远小于光速，式(4.79)可以进一步近似为

$$n = \left(\frac{\omega_{pe}^2}{\omega\omega_{ce} - \omega^2}\right)^{1/2} \tag{4.80}$$

其群速度为

$$v_g = \frac{\partial\omega}{\partial k} = \frac{c}{n + \omega\dfrac{\partial n}{\partial\omega}} = \frac{2c}{\omega_{ce}\omega_{pe}}\omega^{1/2}(\omega_{ce} - \omega)^{3/2} \tag{4.81}$$

容易验证，群速度在 $\omega = \omega_{ce}/4$ 处有极大值。因而，在 $\omega < \omega_{ce}/4$ 较低的频率区域，电子回旋波的群速度随频率增加而增加。频率较低的电子回旋波有一个特别的名字"哨声波"，最早用于解释电离层产生的哨声无线电干扰。

在电离层中，如果某一时刻发生了局域的电磁扰动(如雷电)，这样的脉冲扰动具有很宽的频谱，可以激发出各种频率的哨声波，哨声波在传播的过程中，不同频率部分将产生分离，高频成分将超前于低频成分。这样，在较远处接收这种本来瞬时发生的电磁扰动，就变成了有一定时间长度的信号，信号的频率由高向低滑落，在音频波段，这种音调的变化类似于哨声。在南极区域发生的雷电扰动，沿地球磁场传播至北极区域后，就变成了这种哨声式的电磁扰动信号，很容易直接被无线电接收机探测到。

如果我们将 $\omega > \omega_{ce}/4$ 频率区域也包含进来，通常称为鼻哨声，此时电磁扰动的频率随时间变化关系如图 4.7 所示，群速度最大的频率称为鼻频，其分量时间延迟最少。不难看出，哨声波时间延时特性给出了估算电离层等离子体参数的方法，这实际上是早期电离层研究的一个重要内容。

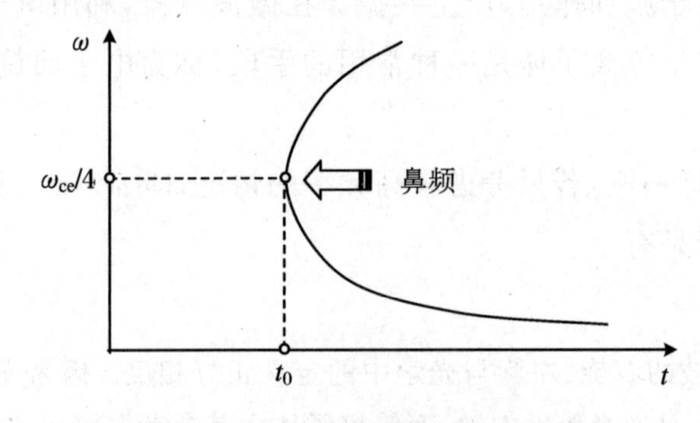

图 4.7　电离层中鼻哨声延时图

4.4.4 左旋偏振波

$n^2 = L$ 这一个解所对应的波动模式称为左旋偏振波，其色散关系为

$$n^2 = 1 - \sum_{\alpha} \frac{\omega_{p\alpha}^2}{\omega(\omega - \omega_{c\alpha})} = 1 - \frac{\omega_p^2}{(\omega + \omega_{ce})(\omega - \omega_{ci})} \tag{4.82}$$

同样，左旋偏振波的扰动电场也垂直于波的传播方向。垂直平面内两电场分量之比为

$$\frac{E_x}{E_y} = \mathrm{i}\frac{S - n^2}{D} = \mathrm{i}\frac{S - L}{D} = \mathrm{i} = \mathrm{e}^{\mathrm{i}(\pi/2)} \tag{4.83}$$

E_x 比 E_y 超前 $\pi/2$ 相位，故电场矢量的旋转方向与波矢的方向构成了左手螺旋，旋转方向与离子的回旋方向一致。

左旋偏振波的色散关系曲线与右旋偏振波类似，如图 4.8 所示。在极高频情况下，折射率趋于真空折射率，在低频情况下过渡成阿尔芬波。在离子回旋频率上，波电场的旋转与离子的回旋运动同步，发生共振，共振时离子可以从波中吸收能量，取得加热效果。而在左旋截止频率处出现截止：

$$\omega_L \approx \left(\omega_{pe}^2 + \frac{\omega_{ce}^2}{4}\right)^{1/2} - \frac{\omega_{ce}}{2} \tag{4.84}$$

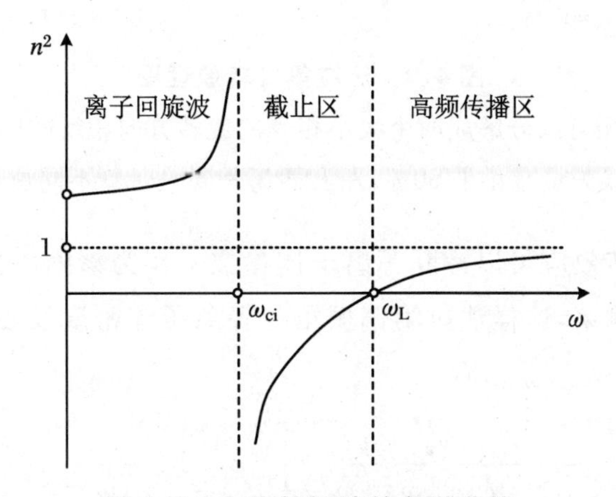

图 4.8　左旋偏振波的色散曲线

左旋偏振波的传播区间也分成两段，$\omega < \omega_{ci}$ 和 $\omega > \omega_L$。其中 $\omega < \omega_{ci}$ 这一段与离子的回旋运动特征紧密相关，称之为离子回旋波。与电子回旋波不同，离子回旋波色散曲线是单调的，其折射率远大于1，波的相速度远小于光速。

若有一个类似于磁镜的非均匀磁场位形，在强磁场处安置天线，使得天线处满

足 $\omega/\omega_{ci}<1$,则可以激发出离子回旋波。离子回旋波向弱场区传播时,ω/ω_{ci}将逐渐增大,在 $\omega/\omega_{ci}=1$ 处发生离子回旋共振。波能量将被离子吸收,离子得到加热。

4.4.5 法拉第旋转

任一垂直于磁场振荡的线偏振波,可分解成强度相等的左旋和右旋圆偏振波。由于这两种圆偏振波的相速度不同,波在等离子体中传播一段距离后,其合成后的线偏振波偏振方向会发生变化。也就是说,线偏振波在沿磁场方向传播的过程中,其极化方向会产生旋转,这一效应称为法拉第旋转效应。参照图 4.9,设沿磁场传播的距离为 z,则极化方向的旋转角(右旋方向角度为正)为

$$\Delta\varphi = \frac{1}{2}(k_L - k_R)z \tag{4.85}$$

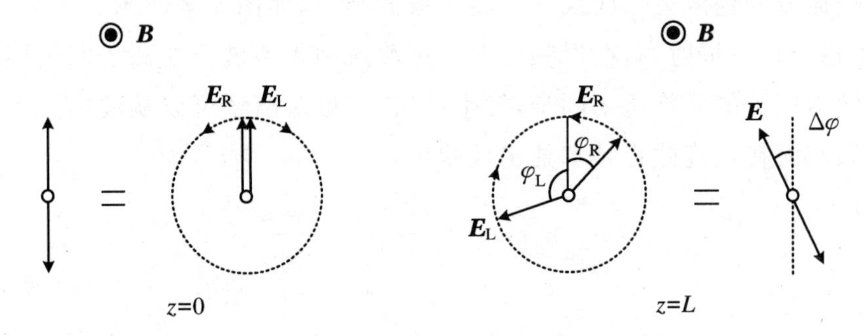

图 4.9 法拉第旋转原理图

(线偏振可以分解成两个大小相等的旋转方向相反的圆偏振,
图中线偏振矢量减小了 50%,左右两组是同一时刻不同位置的情况)

利用法拉第旋转效应可以诊断等离子体参数。作为诊断手段,往往采用较高频率的电磁波作为探测束,这样法拉第偏振角与等离子体密度及磁场强度成简单的线性变化关系。设 $\omega \gg \omega_{ce}, \omega_{pe}$,有

$$n_L - n_R = \left[1 - \frac{\omega_p^2}{(\omega+\omega_{ce})(\omega-\omega_{ci})}\right]^{1/2} - \left[1 - \frac{\omega_p^2}{(\omega-\omega_{ce})(\omega+\omega_{ci})}\right]^{1/2}$$

$$\approx 1 - \frac{\omega_{pe}^2}{2\omega^2}\left(1 - \frac{\omega_{ce}}{\omega}\right) - 1 + \frac{\omega_{pe}^2}{2\omega^2}\left(1 + \frac{\omega_{ce}}{\omega}\right) = \frac{\omega_{pe}^2\omega_{ce}}{\omega^3} \tag{4.86}$$

所以

$$\Delta\varphi = \frac{\omega_{pe}^2\omega_{ce}z}{2c\omega^2} = \frac{e^3}{2\varepsilon_0 c m_e^2 \omega^2}(n_e B_0 z) \propto n_e B_0 z \tag{4.87}$$

对磁场强度和等离子体密度沿着波的传播方向上发生变化的情况，法拉第旋转角应为相应的积分：

$$\Delta\varphi = \frac{e^3}{2\varepsilon_0 c m_e^2 \omega^2}\int_0^L n_e B_0 \mathrm{d}z \tag{4.88}$$

若磁场强度是已知的，我们可以由此得到等离子体密度的线积分值。反过来，若已知等离子体的密度，则由此可以获得线平均的磁场强度。

4.5　垂直于磁场方向的磁流体线性波

4.5.1　垂直于磁场传播的波之色散关系

在波色散关系的艾利斯表达式(4.48)中取 $\theta = \pi/2$，即得出垂直于外磁场传播的波的色散关系：

$$(n^2 - P)(Sn^2 - RL) = 0 \tag{4.89}$$

此式有两个独立的解，$n^2 = P$ 和 $n^2 = RL/S$，对应着两种不同的波动模式。前者是单纯的横波，后者则为横波和纵波的组合。与平行于磁场传播的波不同，垂直于磁场传播的波不能简单地以偏振态划分彼此独立的基本波模。

垂直外磁场传播的波的波动方程简化为

$$\begin{pmatrix} S & -\mathrm{i}D & 0 \\ \mathrm{i}D & S - n^2 & 0 \\ 0 & 0 & P - n^2 \end{pmatrix}\begin{pmatrix} E_x \\ E_y \\ E_z \end{pmatrix} = 0 \tag{4.90}$$

据此可以分析上面两种模式的电场偏振状态。

4.5.2　寻常波

$n^2 = P$ 这一个解所对应的波动模式称为寻常波，其色散关系为

$$n^2 = 1 - \frac{\omega_p^2}{\omega^2} \approx 1 - \frac{\omega_{pe}^2}{\omega^2} \tag{4.91}$$

这就是无磁场等离子体中电磁波的色散关系。将色散关系代入波的运动方程式(4.90),容易判断,此模式 $E_x=0,E_y=0,E_z\neq0$,波的扰动电场与流体速度方向均平行于外加磁场,外磁场对此模式不起作用,故称为寻常波(O 模)。寻常波只有一个截止频率 ω_p,不存在共振频率,其传播区间为 $\omega>\omega_p$,如图 4.10 所示。

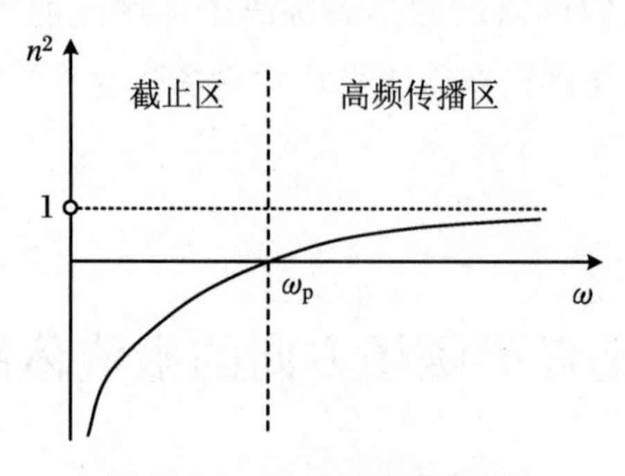

图 4.10　寻常波色散曲线

寻常波在等离子体频率之下截止这一事实我们早已知道,无线电波的短波可以很方便地实现全球通信,就是利用了电离层的反射特性,其反射层就是寻常波的截止层。若等离子体的等密度面是平面,当电磁波正入射时,电磁波可以到达截止层所在的平面,在截止面处产生全反射。但对于斜入射的情况,则电磁波在到达截止面之前就会产生偏转,最终的出射方向为镜向反射方向。

利用截止层反射可以用来测量等离子体的密度,通过电磁波发射系统对等离子体发射寻常波,接收其反射信号,从反射信号的时间延迟或相位变化可以获得反射层的位置,而频率确定了反射层处的等离子体密度。若系统的发射频率可以扫描(通常称为扫频仪),则可以获得等离子体密度的空间分布,这种系统称为等离子体反射仪。利用截止层反射测量电离层等离子体密度分布是一个常用的手段,目前也是实验室等离子体的一个常规方法。不过在电离层测量时,通常用脉冲发射,通过测量反射脉冲的延时来确定反射面位置;而实验室等离子体则因为空间线度与波长相当,通常采用连续波发射的方法,通过测量其相位差的方法来确定反射面的位置。

利用寻常波在等离子体传播过程中相位的变化来测量等离子体密度,是最常规的等离子体诊断手段之一,由于相位的检测一般应用干涉的方法,这种诊断系统称为等离子体干涉仪。若电磁波的频率远大于等离子体频率,以寻常波的模式通过等离子体,则相位发生变化,即

$$\Delta\varphi=(k_0-k)z=\frac{\omega}{c}\left[1-\left(1-\frac{\omega_p^2}{\omega^2}\right)^{1/2}\right]z$$

$$\approx \frac{\omega_{\text{pe}}^2}{2c\omega}z = \frac{e^2\lambda n_{\text{e}}z}{4\pi\varepsilon_0 m_{\text{e}}c^2} \mathrel{\hat{=}} r_{\text{e}}\lambda n_{\text{e}}z \tag{4.92}$$

其中，$k_0 = \omega/c$ 是真空中电磁波波数；$r_{\text{e}} \mathrel{\hat{=}} e^2/4\pi\varepsilon_0 m_{\text{e}}c^2$ 为经典电子半径。若密度沿波的传播方向是变化的，则应写成积分的形式：

$$\Delta\varphi = r_{\text{e}}\lambda\int n_{\text{e}}\mathrm{d}z \tag{4.93}$$

因此，应用干涉的方法测量出等离子体存在时电磁波相位变化，即可以获得等离子体的线平均密度。

4.5.3　异常波

$n^2 = RL/S$ 这一个解所对应的波动模式称为异常波（X模）。由式（4.90）知，扰动电场垂直于外磁场方向（$E_z = 0$），而电场在垂直于磁场平面内的两分量之比为

$$\frac{E_x}{E_y} = \mathrm{i}\frac{S - n^2}{D} = \mathrm{i}\frac{D}{S} \tag{4.94}$$

一般情况下这两个分量同时存在，因此异常波是纵波（$E_y = 0$）和横波（$E_x = 0$）的混合态。由于外磁场的作用，在这两方向上的等离子体运动不能分离，导致了横波和纵波模式的强烈耦合，这是等离子体作为介质而出现的新现象。

在低频近似下，异常波仍然过渡成阿尔芬波，在频率远大于所有等离子体特征频率的极高频情况下，异常波过渡为真空中的电磁波。对这两种极限，均有 $D\to 0$，满足垂直传播的阿尔芬波及真空中电磁波是横波的要求。同样，从上式也可以知道，在 $S = 0$ 的共振情况下，异常波变成了纵波，成为准静电的模式。

我们已经知道，截止频率与波的传播方向无关，寻常波包含了等离子体频率这一截止频率，另两个截止频率，左、右旋截止频率则都包含在异常波这个波模中。杂混共振频率则由 $S = 0$ 条件给出，若只考虑电子、离子两种成分，则杂混共振频率满足：

$$1 - \frac{\omega_{\text{pe}}^2}{\omega^2 - \omega_{\text{ce}}^2} - \frac{\omega_{\text{pi}}^2}{\omega^2 - \omega_{\text{ci}}^2} = 0 \tag{4.95}$$

这个方程存在两个解，按照频率的高低，分别称为高杂共振频率和低杂共振频率，记为 ω_{HH} 和 ω_{LH}。由于这两个解的值相差较大，我们可以通过适当的近似得到其简化形式。令 $\omega \gg \omega_{\text{ci}}, \omega_{\text{pi}}$，上式中离子相关的部分可以忽略，于是得到高杂共振频率：

$$\omega_{\text{HH}} = (\omega_{\text{ce}}^2 + \omega_{\text{pe}}^2)^{1/2} \tag{4.96}$$

若令 $\omega \ll \omega_{\text{ce}}$，我们可以得到低杂共振频率：

$$\omega_{\mathrm{LH}}=\left(\omega_{\mathrm{ci}}^{2}+\frac{\omega_{\mathrm{ce}}^{2}\omega_{\mathrm{pi}}^{2}}{\omega_{\mathrm{ce}}^{2}+\omega_{\mathrm{pe}}^{2}}\right)^{1/2} \tag{4.97}$$

很显然,上面得到低杂共振频率满足初始的低频假定。根据等离子体的两个特征频率参数,电子等离子体频率和电子回旋频率的相对大小,低杂共振频率有两个常用的近似形式:

$$\omega_{\mathrm{LH}}=\begin{cases}(\omega_{\mathrm{ci}}^{2}+\omega_{\mathrm{pi}}^{2})^{1/2} & (\omega_{\mathrm{ce}}^{2}\gg\omega_{\mathrm{pe}}^{2})\\(\omega_{\mathrm{ce}}\omega_{\mathrm{ci}})^{1/2} & (\omega_{\mathrm{ce}}^{2}\ll\omega_{\mathrm{pe}}^{2})\end{cases} \tag{4.98}$$

前者对应的是强磁场、低密度的情况,后者则是弱磁场、高密度的情况。

截止和共振频率将异常波分成了5个区间,其中在3个区间内可以传播。首先是 $\omega<\omega_{\mathrm{LH}}$ 的区间,这里波的行为与低杂共振密切相关,称为低杂波;其次是 $\omega_{\mathrm{L}}<\omega<\omega_{\mathrm{HH}}$ 区间,波的行为受到高杂共振的影响,称为高杂波;最后是 $\omega>\omega_{\mathrm{R}}$ 区间,波的行为逐渐摆脱等离子体特征频率的影响,过渡为普通电磁波模。异常波完整的色散曲线如图4.11所示。

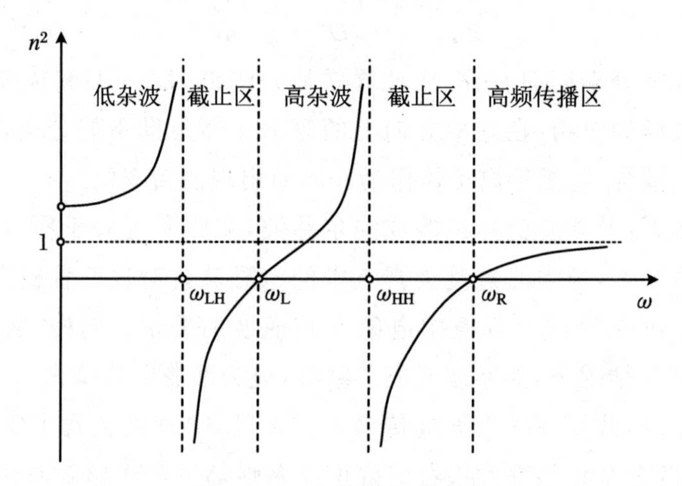

图4.11　异常波色散曲线

如果等离子体中含有一种以上的离子,则会对波的色散曲线有一定的影响。若某种离子成分浓度较小,可以称为少数离子或杂质离子,少数离子对色散曲线的大部分区域不会产生严重影响,但是每一种杂质离子都会产生一个新的共振频率,在共振点处的色散曲线显然要做重大的修正。由 S 的表达式:

$$S=1-\sum_{\alpha}\frac{\omega_{\mathrm{p}\alpha}^{2}}{\omega^{2}-\omega_{\mathrm{c}\alpha}^{2}} \tag{4.99}$$

我们知道,在 $\omega^{2}=\omega_{\mathrm{c}\alpha}^{2}$ 处会出现奇异点,奇异的频率宽度约为 $\omega_{\mathrm{p}\alpha}$。杂质离子成分的含量越小,奇异的频率宽度越小。图4.12给出了杂质离子的出现对 S 曲线的影响,虚线为不考虑杂质离子存在时的曲线，左右两图分别显示了杂质离子的回旋频率 $\omega_{cI}>\omega_{ci}$ 和 $\omega_{cI}<\omega_{ci}$ 的情况，两种情况都表明，杂质离子引起的共振频率（称为离子-离子混合共振频率）接近于杂质离子的回旋频率（$\omega_{ii}\approx\omega_{cI}$）。利用低杂波加热等离子体的一个主要方法就是利用杂质离子的共振效应。

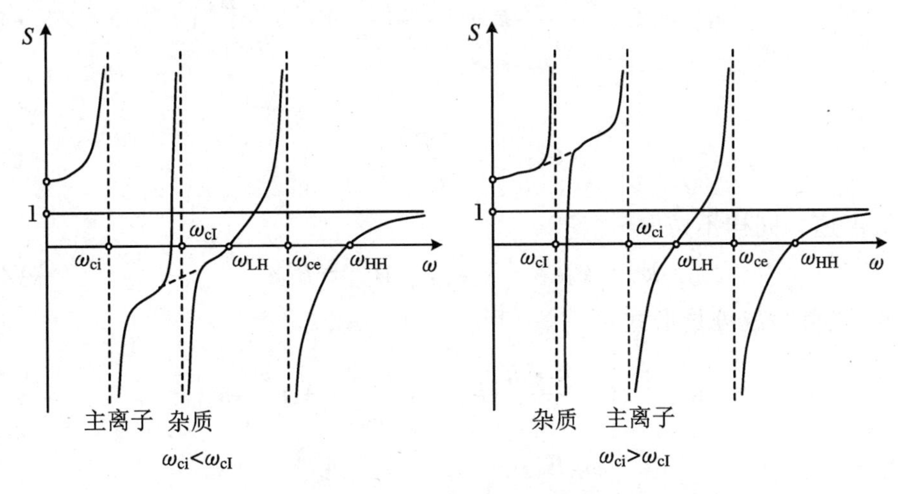

图 4.12　离子-离子混合共振频率图解

4.6　冷等离子体波的热效应修正

4.6.1　考虑热效应时波的色散关系

在流体方程中保持热压力项，则必须同时引入连续性方程和状态方程。这三个方程的线性化形式为

$$\begin{cases}\dfrac{\partial \boldsymbol{u}_\alpha}{\partial t}=-\dfrac{1}{\rho_{\alpha 0}}\nabla p_\alpha+\dfrac{q_\alpha}{m_\alpha}(\boldsymbol{E}+\boldsymbol{u}_\alpha\times\boldsymbol{B}_0)\\[2ex]\dfrac{\partial \rho_\alpha}{\partial t}+\nabla\cdot(\rho_{\alpha 0}\boldsymbol{u}_\alpha)=0\\[2ex]\dfrac{p_\alpha}{p_{\alpha 0}}=\gamma_\alpha\dfrac{\rho_\alpha}{\rho_{\alpha 0}}\end{cases}\tag{4.100}$$

对上式作傅里叶变换,即取扰动为平面波形式,可以得出扰动压力与速度的关系:

$$p_\alpha = \gamma_\alpha p_{\alpha 0}\frac{\boldsymbol{k}\cdot\boldsymbol{u}_\alpha}{\omega} \tag{4.101}$$

以及扰动流体速度与扰动电磁场之间的关系:

$$\boldsymbol{u}_\alpha = C_{s\alpha}^2\frac{\boldsymbol{k}\cdot\boldsymbol{u}_\alpha}{\omega^2}\boldsymbol{k} + \mathrm{i}\frac{\omega_{c\alpha}}{\omega}\left(\frac{\boldsymbol{E}}{B_0} + \frac{\boldsymbol{u}_\alpha\times\boldsymbol{B}_0}{B_0}\right) \tag{4.102}$$

其中

$$C_{s\alpha} \;\widehat{=}\; \left(\frac{\gamma_\alpha p_{\alpha 0}}{\rho_{\alpha 0}}\right)^{1/2} \tag{4.103}$$

称为分量声速。同样不妨取

$$\boldsymbol{k} = k_x\boldsymbol{e}_x + k_z\boldsymbol{e}_z, \quad \boldsymbol{B}_0 = B_0\boldsymbol{e}_z \tag{4.104}$$

则(4.102)式可写成分量形式:

$$\begin{cases} u_{\alpha x} = C_{s\alpha}^2\dfrac{\boldsymbol{k}\cdot\boldsymbol{u}_\alpha}{\omega^2}k_x + \mathrm{i}\dfrac{\omega_{c\alpha}E_x}{\omega B_0} + \mathrm{i}\dfrac{\omega_{c\alpha}}{\omega}u_{\alpha y} \\ u_{\alpha y} = \mathrm{i}\dfrac{\omega_{c\alpha}E_y}{\omega B_0} - \mathrm{i}\dfrac{\omega_{c\alpha}}{\omega}u_{\alpha x} \\ u_{\alpha z} = C_{s\alpha}^2\dfrac{\boldsymbol{k}\cdot\boldsymbol{u}_\alpha}{\omega^2}k_z + \mathrm{i}\dfrac{\omega_{c\alpha}E_z}{\omega B_0} \end{cases} \tag{4.105}$$

或

$$\boldsymbol{A}_\alpha\cdot\boldsymbol{u}_\alpha = \mathrm{i}\beta_\alpha\boldsymbol{E} \tag{4.106}$$

其中

$$\boldsymbol{A}_\alpha = \begin{pmatrix} 1 - \dfrac{k_x^2C_{s\alpha}^2}{\omega^2} & -\mathrm{i}\dfrac{\omega_{c\alpha}}{\omega} & -\dfrac{k_xk_zC_{s\alpha}^2}{\omega^2} \\ \mathrm{i}\dfrac{\omega_{c\alpha}}{\omega} & 1 & 0 \\ -\dfrac{k_xk_zC_{s\alpha}^2}{\omega^2} & 0 & 1 - \dfrac{k_z^2C_{s\alpha}^2}{\omega^2} \end{pmatrix} \tag{4.107}$$

$$\beta_\alpha = \frac{q_\alpha}{m_\alpha\omega} \tag{4.108}$$

这里 $\boldsymbol{A}_\alpha$ 的定义有所变化,是对以前冷等离子体情况的拓展,令 $C_{s\alpha}^2=0$,则回到冷等离子情况。在这样的定义下,有热压力的等离子体其介电张量与冷等离子体情况下形式相同:

$$\boldsymbol{\varepsilon} = \boldsymbol{I} - \sum_\alpha\frac{\omega_{p\alpha}^2}{\omega^2}\boldsymbol{A}_\alpha^{-1} \tag{4.109}$$

从式(4.107)不难看出,等离子体热压力对波动模式的影响与量 $k^2C_{s\alpha}^2/\omega^2\sim V_{th\alpha}^2/V_p^2$ 相关。即当粒子的热速度与波的相速度可比的时候,热压力开始起作用。当 $V_{th\alpha}^2/V_p^2\ll1$ 时,则热效应可以忽略,冷等离子体波动解是一个很好的近似。有两种情况必须考虑热效应:其一是低频的阿尔芬波,阿尔芬波的相速度不是很大,通常粒子的热速度可以达到和超过,因而热压力可以耦合至阿尔芬波中;其二是在冷等离子体的共振处,此时由于冷等离子体波的相速度为零,热效应可以显著地改变其性质。

由于热压力本身只会产生纵波,所以热效应对波动的作用也仅局限在纵波模式上,对横波模式而言,我们不必考虑热压力引起的修正。

温度不为零的等离子体不仅使得等离子体有了热压力,同时也使得粒子回旋运动的拉莫半径不为零,在波长与拉莫半径相当的短波情况下这种效应会显示出来,这种效应是有限拉莫半径效应的一种。有限拉莫半径效应甚至可以产生冷等离子体中所没有的新的波动模式,如伯恩斯坦(Bernstein)波模。关于有限拉莫半径效应对波模的影响,超出了本课程应涉及的范围,故不在这里阐述。

应用线性代数的标准方法,可以求出 $\boldsymbol{A}_\alpha$ 的逆矩阵:

$$\boldsymbol{A}_\alpha^{-1}=\frac{\boldsymbol{C}_\alpha}{\Delta_\alpha}\tag{4.110}$$

其中,

$$\boldsymbol{C}_\alpha\,\widehat{=}\begin{pmatrix}1-\dfrac{k_z^2C_{s\alpha}^2}{\omega^2} & \mathrm{i}\dfrac{\omega_{c\alpha}}{\omega}\left(1-\dfrac{k_z^2C_{s\alpha}^2}{\omega^2}\right) & \dfrac{k_xk_zC_{s\alpha}^2}{\omega^2}\\ -\mathrm{i}\dfrac{\omega_{c\alpha}}{\omega}\left(1-\dfrac{k_z^2C_{s\alpha}^2}{\omega^2}\right) & 1-\dfrac{k^2C_{s\alpha}^2}{\omega^2} & -\mathrm{i}\dfrac{\omega_{c\alpha}}{\omega}\cdot\dfrac{k_xk_zC_{s\alpha}^2}{\omega^2}\\ \dfrac{k_xk_zC_{s\alpha}^2}{\omega^2} & \mathrm{i}\dfrac{\omega_{c\alpha}}{\omega}\cdot\dfrac{k_xk_zC_{s\alpha}^2}{\omega^2} & 1-\dfrac{\omega_{c\alpha}^2}{\omega^2}-\dfrac{k_x^2C_{s\alpha}^2}{\omega^2}\end{pmatrix}\tag{4.111}$$

$$\Delta_\alpha\,\widehat{=}\left(1-\frac{\omega_{c\alpha}^2}{\omega^2}\right)\left(1-\frac{k_z^2C_{s\alpha}^2}{\omega^2}\right)-\left(\frac{k_x^2C_{s\alpha}^2}{\omega^2}\right)\tag{4.112}$$

4.6.2　无磁场等离子体近似

等离子体中若不存在外磁场,则称为非磁化等离子体。现在我们可以考察非磁化等离子体有热压力时的波模。在上面的方程式中令 $\omega_{c\alpha}=0$,可以得到无磁场近似的结果,等离子体的介电张量简化为

$$\boldsymbol{\varepsilon} \,\widehat{=}\, \begin{pmatrix} 1-\sum_\alpha \frac{\omega_{p\alpha}^2}{\omega^2} & 0 & 0 \\ 0 & 1-\sum_\alpha \frac{\omega_{p\alpha}^2}{\omega^2} & 0 \\ 0 & 0 & 1-\sum_\alpha \frac{\omega_{p\alpha}^2}{\omega^2 - k^2 C_{s\alpha}^2} \end{pmatrix} \tag{4.113}$$

注意到这里由于磁场消失，等离子体已经是各向同性的，空间上已经不再有特殊的方向，我们选取了传播方向为 Z 方向，即 $k_x=0, k_z=k$。

首先，我们考虑电场垂直于传播方向的横波模式，由式(4.23)可以得出其色散关系为

$$n^2 = 1-\sum_\alpha \frac{\omega_{p\alpha}^2}{\omega^2} \tag{4.114}$$

即为普通的电磁波解，正与我们所预料的一样，热压力不会影响横波。

其次，我们考虑对电场平行于传播方向的纵波模式，同样由式(4.23)可以得出其色散关系为

$$1-\sum_\alpha \frac{\omega_{p\alpha}^2}{\omega^2 - k^2 C_{s\alpha}^2} = 0 \tag{4.115}$$

在冷等离子体中，这一支波所对应的是不能传播的朗缪尔振荡。在等离子体粒子具有了无规运动的热运动能量后，这种局域的静电振荡就可以传播。若只考虑电子和离子两种成分，这一方程应该有两个解，分别对应着与电子响应相关的高频波模和与离子响应相关的低频波模，下面分别予以讨论。

高频的这支称为朗缪尔波，也称为电子等离子体波，与我们多次提及的朗缪尔振荡直接相关。若波的相速度远大于电子的热速度①($\omega/k \gg C_{se}$)，则离子的贡献可以忽略，上述色散关系(4.115)可以写成

$$\omega^2 = \omega_{pe}^2 + k^2 C_{se}^2 = \omega_{pe}^2 (1+\gamma_e k^2 \lambda_{De}^2) \tag{4.116}$$

这就是朗缪尔波的色散关系。朗缪尔波涉及的运动可以视为一维绝热压缩过程，由此可以合理地取 $\gamma_e=3$。

朗缪尔波的色散曲线如图 4.13 所示，当波数增大时，其相速度由无穷大逐渐减小至 C_{se}，而群速度由零增大至 C_{se}，两者之积为

$$V_g \cdot V_p = \frac{\partial \omega}{\partial k} \cdot \frac{\omega}{k} = C_{se}^2 \tag{4.117}$$

① 热运动速度与分量声速量级相同，作为量级比较时可以不作区分。

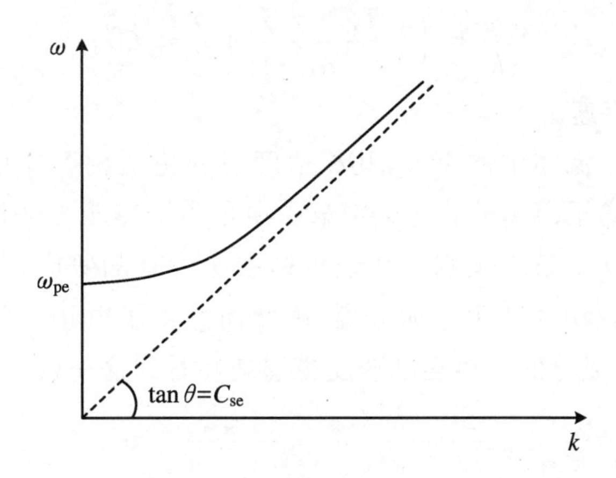

图 4.13　朗缪尔波色散曲线

当 $k\lambda_{\mathrm{De}}\sim 1$,即波长与电子的德拜长度相当或更小时,$V_{\mathrm{g}}\sim V_{\mathrm{p}}\sim V_{\mathrm{the}}$,波的相速度与电子的热速度相当,此时有较多的电子可以直接与波交换能量,多数情况下,粒子将从波中获得能量从而使波受到严重地阻尼,这种波与粒子速度匹配产生共振而形成的阻尼称为朗道阻尼,在第 6 章中还将对此做进一步介绍。因此,实际上朗缪尔波只在波长较大时($k\lambda_{\mathrm{De}}\ll 1$)才能正常存在,其频率略高于电子等离子体频率。色散关系可近似为

$$\omega = \omega_{\mathrm{pe}}\left(1+\frac{3}{2}k^2\lambda_{\mathrm{De}}^2\right) \tag{4.118}$$

根据流体速度与电场的关系,$\boldsymbol{u}_\alpha=\mathrm{i}(\beta_\alpha/\Delta_\alpha)\boldsymbol{E}$,我们可知在朗缪尔波模中,电子与离子分量的流体扰动速度之比为

$$\frac{u_{\mathrm{e}}}{u_{\mathrm{i}}}=-\frac{m_{\mathrm{i}}}{m_{\mathrm{e}}}\cdot\frac{\omega^2-k^2C_{\mathrm{si}}^2}{\omega^2-k^2C_{\mathrm{se}}^2}\approx-\frac{m_{\mathrm{i}}}{m_{\mathrm{e}}} \tag{4.119}$$

即电子与离子的运动方向相反,同时电子流体的速度远大于离子流体速度,离子的运动可以忽略。

纵波模的低频分支可以通过 $\omega/k\ll C_{\mathrm{se}}$ 的近似来获得,其色散关系式(4.115)变为

$$\begin{aligned}\omega^2 &= k^2\left(C_{\mathrm{si}}^2+\frac{\omega_{\mathrm{pi}}^2}{\omega_{\mathrm{pe}}^2+k^2C_{\mathrm{se}}^2}C_{\mathrm{se}}^2\right)\\ &= k^2\left(\frac{\gamma_{\mathrm{i}}T_{\mathrm{i}}}{m_{\mathrm{i}}}+\frac{\gamma_{\mathrm{e}}T_{\mathrm{e}}}{m_{\mathrm{i}}}\cdot\frac{1}{1+\gamma_{\mathrm{e}}k^2\lambda_{\mathrm{De}}^2}\right)\end{aligned} \tag{4.120}$$

对于 $k\lambda_{\mathrm{De}}\ll 1$ 的长波情况,这一模式称为离子声波。离子声波有简洁的色散关系:

$$\frac{\omega}{k}=\left(\frac{\gamma_{\mathrm{i}}T_{\mathrm{i}}+\gamma_{\mathrm{e}}T_{\mathrm{e}}}{m_{\mathrm{i}}}\right)^{1/2}\triangleq C_{\mathrm{s}} \tag{4.121}$$

其中,C_s 称为离子声速。

离子声波类似于流体中的声波,其相速度与群速度相等并且与频率无关,但机理上有新的内容。离子声速的表达式中第一项是离子热压力的作用,与普通流体声波中压力的作用一样。第二项则是普通流体中所没有的效应,来源于电子的运动。电子相对于离子的运动会产生电荷分离,由此而产生了电场,因而拖动了离子。我们可以从电子、离子成分的流体运动速度更清楚地看到这一点:

$$\frac{u_{\mathrm{e}}}{u_{\mathrm{i}}}=-\frac{m_{\mathrm{i}}}{m_{\mathrm{e}}}\cdot\frac{\omega^2-k^2C_{\mathrm{si}}^2}{\omega^2-k^2C_{\mathrm{se}}^2}=\frac{C_{\mathrm{se}}^2}{C_{\mathrm{se}}^2-C_{\mathrm{s}}^2}\approx 1+\frac{C_{\mathrm{s}}^2}{C_{\mathrm{se}}^2}\approx 1 \tag{4.122}$$

电子和离子流体几乎一起运动,但电子还是略快,正是这一点速度差别引起了电荷分离,使得电子产生了拖拽离子的效果。由于这种静电相互作用的存在,即使作为质量主体的离子成分温度为零,离子没有热压力,离子声波仍然可以通过电子的热压力而传播。

如果离子温度和电子温度相近或者更高,则离子声波的相速度与离子的热速度相当,这时将会出现离子朗道阻尼。所以离子声波正常存在的条件为

$$T_{\mathrm{i}}\ll T_{\mathrm{e}} \tag{4.123}$$

一般而言,这是一个很容易达到的条件。在此条件下,离子声波的相速度介于离子和电子的热速度之间,电子和离子的朗道阻尼均不严重。

纵波模的低频分支在 $k\lambda_{\mathrm{De}}\gg1$ 的短波长近似下,色散关系变为

$$\omega^2=\omega_{\mathrm{pi}}^2+k^2C_{\mathrm{si}}^2=\omega_{\mathrm{pi}}^2(1+\gamma_{\mathrm{i}}k^2\lambda_{\mathrm{Di}}^2) \tag{4.124}$$

这与电子朗缪尔波形式类似,称为离子朗缪尔波。此时两种成分的流体速度之比为

$$\frac{u_{\mathrm{e}}}{u_{\mathrm{i}}}=-\frac{m_{\mathrm{i}}}{m_{\mathrm{e}}}\cdot\frac{\omega_{\mathrm{pi}}^2}{\omega_{\mathrm{pi}}^2+k^2C_{\mathrm{si}}^2-k^2C_{\mathrm{se}}^2}\approx\frac{1}{\gamma_{\mathrm{e}}k^2\lambda_{\mathrm{De}}^2}\approx 0 \tag{4.125}$$

离子流体运动速度远大于电子,电子可以视为不动的背景。电子不响应的物理原因是此时电子的德拜长度远大于波长,电子不可能对德拜球内的电场产生屏蔽作用。换句话说,尽管电子在时间上可以响应这样的扰动,但在空间上响应不了。

与电子朗缪尔波类似,为了避开离子朗道阻尼,应加上另一个条件,$k\lambda_{\mathrm{Di}}\ll1$。故离子朗缪尔波的频率略高于离子等离子体频率。应该指出,离子朗缪尔波出现的条件相当苛刻,一般不能满足。

4.6.3 磁声波

让我们来考虑热压力对阿尔芬波的影响。如前所述,热压力不会影响横波,这

里只考虑其对压缩阿尔芬波的影响。压缩阿尔芬波的典型形态是其传播方向垂直于磁场的情况。令 $k_z=0$,我们可以得到:

$$\Delta_\alpha = 1 - \frac{\omega_{c\alpha}^2}{\omega^2} - \frac{k_x^2 C_{s\alpha}^2}{\omega^2} \tag{4.126}$$

$$\boldsymbol{C}_\alpha = \begin{pmatrix} 1 & \mathrm{i}\dfrac{\omega_{c\alpha}}{\omega} & 0 \\ \mathrm{i}\dfrac{\omega_{c\alpha}}{\omega} & 1 - \dfrac{k_x^2 C_{s\alpha}^2}{\omega^2} & 0 \\ 0 & 0 & 1 - \dfrac{\omega_{c\alpha}^2}{\omega^2} - \dfrac{k_x^2 C_{s\alpha}^2}{\omega^2} \end{pmatrix} \tag{4.127}$$

$$\boldsymbol{\varepsilon} = \begin{pmatrix} 1 - \sum\limits_\alpha \dfrac{\omega_{p\alpha}^2}{\omega^2 - \omega_{c\alpha}^2 - k_x^2 C_{s\alpha}^2} & -\mathrm{i}\sum\limits_\alpha \dfrac{\omega_{c\alpha}\omega_{p\alpha}^2}{\omega(\omega^2 - \omega_{c\alpha}^2 - k_x^2 C_{s\alpha}^2)} & 0 \\ \mathrm{i}\sum\limits_\alpha \dfrac{\omega_{c\alpha}\omega_{p\alpha}^2}{\omega(\omega^2 - \omega_{c\alpha}^2 - k_x^2 C_{s\alpha}^2)} & 1 - \sum\limits_\alpha \dfrac{\omega_{p\alpha}^2(\omega^2 - k_x^2 C_{s\alpha}^2)}{\omega^2(\omega^2 - \omega_{c\alpha}^2 - k_x^2 C_{s\alpha}^2)} & 0 \\ 0 & 0 & 1 - \sum\limits_\alpha \dfrac{\omega_{p\alpha}^2}{\omega^2} \end{pmatrix}$$

$$\widehat{=} \begin{pmatrix} S' & -\mathrm{i}D' & 0 \\ \mathrm{i}D' & S'' & 0 \\ 0 & 0 & P \end{pmatrix} \tag{4.128}$$

色散关系变成

$$(P - n^2)[S'(S'' - n^2) - D'^2] = 0 \tag{4.129}$$

其中,寻常模不受热效应影响。对异常模则有所变化:

$$n^2 = \frac{S'S'' - D'^2}{S'} \tag{4.130}$$

作低频近似,$\omega^2 \sim k^2 C_{s\alpha}^2 \ll \omega_{c\alpha}^2$,有

$$S' = 1 - \sum_\alpha \frac{\omega_{p\alpha}^2}{\omega^2 - \omega_{c\alpha}^2 - k_x^2 C_{s\alpha}^2} \approx 1 + \sum_\alpha \frac{\omega_{p\alpha}^2}{\omega_{c\alpha}^2} = 1 + \frac{C^2}{V_A^2} \tag{4.131}$$

$$\begin{aligned} S'' &= 1 - \sum_\alpha \frac{\omega_{p\alpha}^2(\omega^2 - k_x^2 C_{s\alpha}^2)}{\omega^2(\omega^2 - \omega_{c\alpha}^2 - k_x^2 C_{s\alpha}^2)} \\ &\approx 1 + \sum_\alpha \frac{\omega_{p\alpha}^2}{\omega_{c\alpha}^2} - \frac{k_x^2}{\omega^2}\sum_\alpha \frac{\omega_{p\alpha}^2 C_{s\alpha}^2}{\omega_{c\alpha}^2} = 1 + \frac{C^2}{V_A^2} - \frac{C_s^2}{V_A^2} n^2 \end{aligned} \tag{4.132}$$

$$D' = \sum_{\alpha} \frac{\omega_{c\alpha}\omega_{p\alpha}^2}{\omega(\omega^2 - \omega_{c\alpha}^2 - k_x^2 C_{s\alpha}^2)} \approx -\sum_{\alpha} \frac{\omega_{p\alpha}^2}{\omega\omega_{c\alpha}} = 0 \tag{4.133}$$

故色散关系变成

$$n^2 = \frac{C^2}{V_A^2 + C_s^2} \quad 或 \quad \frac{\omega}{k} = (V_A^2 + C_s^2)^{1/2} \tag{4.134}$$

这就是磁声波的色散关系①。很明显，这里磁压力与流体压力相互耦合，共同决定了波的特性。

4.6.4 杂混共振频率处的静电波

我们已经知道，冷等离子体的杂混共振是一种准静电振荡，在这里热压力应该起作用。静电波模的色散关系可以写成

$$\boldsymbol{k} \cdot \boldsymbol{\varepsilon} \cdot \boldsymbol{k} = 0 \tag{4.135}$$

或

$$k_x^2 \varepsilon_{xx} + 2k_x k_z \varepsilon_{xz} + k_z^2 \varepsilon_{zz} = 0 \tag{4.136}$$

其中，ε_{xx}，ε_{xz}，ε_{zz}是介电张量$\boldsymbol{\varepsilon}$的3个分量。

对平行于磁场的传播的静电波，$k_x = 0$，色散关系为

$$\varepsilon_{zz} = 1 - \sum_{\alpha} \frac{\omega_{p\alpha}^2}{\omega^2 - k_z^2 C_{s\alpha}^2} = 0 \tag{4.137}$$

这与无磁场时纵波解一致，可给出朗缪尔波、离子声波、离子朗缪尔波等，这里不再复述。

对垂直于磁场传播的静电波，$k_z = 0$，色散关系则为

$$\varepsilon_{xx} = S' = 1 - \sum_{\alpha} \frac{\omega_{p\alpha}^2}{\omega^2 - \omega_{c\alpha}^2 - k_x^2 C_{s\alpha}^2} = 0 \tag{4.138}$$

忽略离子贡献，我们可以得到频率处于高杂共振频率附近的高杂化静电波：

$$\omega^2 = \omega_{ce}^2 + \omega_{pe}^2 + k^2 C_{se}^2 = \omega_{HH}^2 + k^2 C_{se}^2 \tag{4.139}$$

容易验证，此时对波起作用的主要是电子成分，离子则可视为不动的背景。

在 $\omega^2 \ll \omega_{ce}^2$ 近似下，我们可以获得另外一支静电波解，低杂化静电波，其色散关

---

① 在 $0<\theta<\pi/2$ 的情况下，磁声波分成两支，按相速度大小，分别称为快磁声波、慢磁声波，其色散关系为

$$\left(\frac{\omega}{k}\right)^2 = \frac{1}{2}(V_A^2 + C_s^2) \pm \left[\frac{1}{4}(V_A^2 + C_s^2)^2 - V_A^2 C_s^2 \cos^2\theta\right]^{1/2}$$

系为

$$\omega^2 = \omega_{ci}^2 + k^2 C_{si}^2 + \frac{\omega_{ce}^2 + k^2 C_{se}^2}{\omega_{HH}^2 + k^2 C_{se}^2}\omega_{pi}^2 \tag{4.140}$$

比较电子回旋频率和等离子体频率,可以得到低杂化静电波也有近似的简洁形式。当 $\omega_{pe}^2 \gg \omega_{ce}^2, \omega_{HH}^2 \approx \omega_{pe}^2 \gg k^2 C_{se}^2$ 时

$$\begin{aligned}\omega^2 &\approx \omega_{ce}\omega_{ci} + k^2\left(C_{si}^2 + \frac{m_e}{m_i}C_{se}^2\right)\\ &= \omega_{ce}\omega_{ci} + k^2 C_s^2 = \omega_{LH}^2 + k^2 C_s^2\end{aligned} \tag{4.141}$$

此时的低杂化静电波中,电子和离子的运动几乎同步,电子同样对波动起作用,因而在色散关系中出现了离子声速。

另一方面,当 $\omega_{pe}^2 \ll \omega_{ce}^2, \omega_{HH}^2 \approx \omega_{ce}^2 \gg k^2 C_{se}^2$ 时

$$\omega^2 \approx \omega_{ci}^2 + \omega_{pi}^2 + k^2 C_{si}^2 = \omega_{LH}^2 + k^2 C_{si}^2 \tag{4.142}$$

此时实际上只有离子起作用,电子几乎不动,这是因为磁场对电子的束缚很强,电子不能在垂直于磁场方向上对波动电场进行响应。

4.6.5 静电离子回旋波

前面已经提到,对任一确定的传播方向,冷等离子体波存在3个共振频率,其中最低的一个小于离子回旋频率,与传播方向有关。在垂直传播的情况下,此共振频率退化为零频。但是只要传播方向稍稍偏离与磁场垂直的方向,这一共振即可以出现,并且共振频率接近离子回旋频率。我们在 $\omega^2 \approx \omega_{ci}^2$ 频率附近考察冷等离子体波共振条件,有

$$\begin{aligned}\tan^2\theta &= -\frac{P}{S} \approx \frac{\omega_{pe}^2}{\omega_{pi}^2}\cdot\frac{\omega_{ci}^2 - \omega^2}{\omega^2}\\ &= \frac{m_i}{m_e}\cdot\frac{\omega_{ci}^2 - \omega^2}{\omega^2} \approx \frac{2m_i}{m_e}\cdot\frac{\omega_{ci} - \omega}{\omega}\end{aligned} \tag{4.143}$$

只要 $\theta \neq \pi/2$,则容易有 $\tan^2\theta(m_e/m_i) \ll 1$,因而上式的解为 $\omega \approx \omega_{ci}$。考虑热压力效应,这一支静电振荡同样可以传播,称为静电离子回旋波,下面我们来考察这一模式。

我们假定:① 离子是冷的;② $k_z^2 \ll k_x^2$;③ $\omega \approx \omega_{ci}$。于是

$$\varepsilon_{xx} \approx 1 - \frac{\omega_{pi}^2}{\omega^2 - \omega_{ci}^2} + \frac{\omega_{pe}^2}{\omega_{ce}^2} \approx 1 - \frac{\omega_{pi}^2}{\omega^2 - \omega_{ci}^2} \tag{4.144}$$

$$\varepsilon_{zz} = 1 - \frac{\omega_{\mathrm{pi}}^2}{\omega^2} - \frac{\omega_{\mathrm{pe}}^2}{\omega^2 - k_z^2 C_{\mathrm{se}}^2} \approx 1 - \frac{\omega_{\mathrm{pi}}^2}{\omega^2} + \frac{\omega_{\mathrm{pe}}^2}{k_z^2 C_{\mathrm{se}}^2} \tag{4.145}$$

则静电波色散关系为

$$k_x^2\left(1 - \frac{\omega_{\mathrm{pi}}^2}{\omega^2 - \omega_{\mathrm{ci}}^2}\right) + k_z^2\left(1 - \frac{\omega_{\mathrm{pi}}^2}{\omega^2}\right) + \frac{\omega_{\mathrm{pe}}^2}{C_{\mathrm{se}}^2} = 0 \tag{4.146}$$[①]

因为 $k_z^2 \ll k_x^2$，第二项可以忽略，则有

$$k_x^2\left(1 - \frac{\omega_{\mathrm{pi}}^2}{\omega^2 - \omega_{\mathrm{ci}}^2}\right) + \frac{\omega_{\mathrm{pe}}^2}{C_{\mathrm{se}}^2} = 0 \tag{4.147}$$

最终可得静电离子回旋波的色散关系：

$$\omega^2 = \omega_{\mathrm{ci}}^2 + \frac{\omega_{\mathrm{pi}}^2}{1 + \dfrac{\omega_{\mathrm{pe}}^2}{k_x^2 C_{\mathrm{se}}^2}} \approx \omega_{\mathrm{ci}}^2 + \frac{m_{\mathrm{e}}}{m_{\mathrm{i}}} k_x^2 C_{\mathrm{se}}^2 = \omega_{\mathrm{ci}}^2 + k_x^2 C_{\mathrm{s}}^2 \tag{4.148}$$

4.7 漂　移　波

到目前为止，在波动问题中，我们一直没有考虑流体的整体流动，即 $\boldsymbol{u}_{\alpha 0} = 0$。实际上，等离子体中常常存在着整体的流体速度，外界注入的粒子束可以形成这样的状态，但更为一般的是各种因素引起的流体漂移，这种漂移往往是不可避免的，并且可能产生新的波模。由于流体的漂移与漂移运动相关，所涉及的时间尺度较大，对于前面介绍的绝大多数波模来说，特征时间上有较大的差别，因而可以判断漂移运动的存在对已有的波模不会有大的影响。下面我们专门就由密度梯度漂移所引起的新的波模，即漂移波进行讨论。

4.7.1 密度梯度存在时流体线性化方程

对非均匀等离子体，存在密度梯度，我们可以定义：

$$\boldsymbol{k}_{\mathrm{n}\alpha} \mathrel{\widehat{=}} \frac{\nabla n_{\alpha 0}}{n_{\alpha 0}} \tag{4.149}$$

---

① 这里忽略了 $\varepsilon_{xz} k_x k_z$ 项。

其中，$\boldsymbol{k}_{n\alpha}$表示密度梯度方向，其大小为密度变化特征长度的倒数。若温度不为零，则同时存在着压力梯度，假设温度本身的空间变化可以忽略，则有

$$\frac{\nabla p_{\alpha 0}}{p_{\alpha 0}} = \boldsymbol{k}_{n\alpha} \tag{4.150}$$

这样，由压力梯度引起的流体漂移速度为

$$\boldsymbol{u}_{\alpha 0} = \frac{\boldsymbol{B}_0 \times (\nabla p_{\alpha 0})}{q_\alpha n_{\alpha 0} B_0^2} = \frac{T_\alpha \boldsymbol{B}_0 \times \boldsymbol{k}_{n\alpha}}{q_\alpha B_0^2} \tag{4.151}$$

由于密度梯度及流体漂移速度的存在，线性化流体方程组有所变化，流体运动方程和连续性方程变为[①]

$$m_\alpha n_\alpha \left[\frac{\partial \boldsymbol{u}_\alpha}{\partial t} + (\boldsymbol{u}_{\alpha 0} \cdot \nabla)\boldsymbol{u}_\alpha\right] = -\nabla p_\alpha + q_\alpha n_{\alpha 0}(\boldsymbol{E} + \boldsymbol{u}_\alpha \times \boldsymbol{B}_0) \tag{4.152}$$

$$\frac{\partial n_\alpha}{\partial t} + (\boldsymbol{u}_{\alpha 0} \cdot \nabla) n_\alpha + n_{\alpha 0} \nabla \cdot \boldsymbol{u}_\alpha + (\boldsymbol{u}_\alpha \cdot \nabla) n_{\alpha 0} = 0 \tag{4.153}$$

状态方程则无变化，设波动过程中温度不变，有

$$p_\alpha = n_\alpha T_\alpha \tag{4.154}$$

作傅里叶变换后（注意变换只对一级量进行），有

$$\begin{cases} \omega_\alpha^* \boldsymbol{u}_\alpha = \dfrac{T_\alpha}{m_\alpha} \cdot \dfrac{n_\alpha}{n_{\alpha 0}} \boldsymbol{k} + \mathrm{i} \dfrac{q_\alpha}{m_\alpha}(\boldsymbol{E} + \boldsymbol{u}_\alpha \times \boldsymbol{B}_0) \\ \omega_\alpha^* n_\alpha = n_{\alpha 0}(\boldsymbol{k} - \mathrm{i}\boldsymbol{k}_{n\alpha}) \cdot \boldsymbol{u}_\alpha \end{cases} \tag{4.155}$$

其中，$\omega_\alpha^* \mathrel{\widehat{=}} \omega - \boldsymbol{k} \cdot \boldsymbol{u}_{\alpha 0}$。流体方程导出后，可按以前相同的程序去解本征值问题，这里不再赘述。

4.7.2　静电漂移波

考虑下列简单情况：① 电子和离子的密度梯度相等，$\boldsymbol{k}_{ne} = \boldsymbol{k}_{ni} \mathrel{\widehat{=}} \boldsymbol{k}_n$；② 冷离子流体，$T_i = 0$；③ 静电波模，$\boldsymbol{E} = -\mathrm{i}\varphi\boldsymbol{k}$，其中 φ 为扰动电势；④ 低频，$\omega \ll \omega_{ci}$。于是，离子成分的扰动量方程为

$$\begin{cases} \omega \boldsymbol{u}_i = \mathrm{i} \dfrac{q_i}{m_i}(\boldsymbol{E} + \boldsymbol{u}_i \times \boldsymbol{B}_0) \\ \omega n_i = n_{i0}(\boldsymbol{k} - \mathrm{i}\boldsymbol{k}_n) \cdot \boldsymbol{u}_i \end{cases} \tag{4.156}$$

扰动速度和电场的关系与在均匀、冷等离子体情况下一致，同样为

---

① 设流体不可压缩，$\nabla \cdot \boldsymbol{u}_{\alpha 0} = 0$。

$$\boldsymbol{u}_{\mathrm{i}} = \mathrm{i}\beta_{\mathrm{i}}\boldsymbol{A}_{\mathrm{i}}^{-1}\cdot\boldsymbol{E} \tag{4.157}$$

其中,

$$\beta_{\mathrm{i}} = \frac{q_{\mathrm{i}}}{m_{\mathrm{i}}\omega} \tag{4.158}$$

$$\boldsymbol{A}_{\mathrm{i}}^{-1} = \frac{\omega^2}{\omega^2-\omega_{\mathrm{ci}}^2}\begin{pmatrix} 1 & \dfrac{\mathrm{i}\omega_{\mathrm{ci}}}{\omega} & 0 \\ -\dfrac{\mathrm{i}\omega_{\mathrm{ci}}}{\omega} & 1 & 0 \\ 0 & 0 & 1-\dfrac{\omega_{\mathrm{ci}}^2}{\omega^2} \end{pmatrix} \tag{4.159}$$

但扰动密度则与非均匀性有关:

$$n_{\mathrm{i}} = \mathrm{i}\frac{n_{\mathrm{i}0}\beta_{\mathrm{i}}}{\omega}(\boldsymbol{k}-\mathrm{i}\boldsymbol{k}_{\mathrm{n}})\cdot\boldsymbol{A}_{\mathrm{i}}^{-1}\cdot\boldsymbol{E}_{\mathrm{i}} = \frac{n_{\mathrm{i}0}q_{\mathrm{i}}}{m_{\mathrm{i}}\omega}[(\boldsymbol{k}-\mathrm{i}\boldsymbol{k}_{n})\cdot\boldsymbol{A}_{\mathrm{i}}^{-1}\cdot\boldsymbol{k}]\varphi \tag{4.160}$$

电子成分扰动量方程没有任何简化,一般说来,求解比较繁杂。我们可以换一个方式来求解波的色散关系。先考虑平行于磁场的电子扰动速度方程:

$$\omega_{\mathrm{e}}^{*}u_{\mathrm{e}z} = \frac{T_{\mathrm{e}}}{m_{\mathrm{e}}}\cdot\frac{n_{\mathrm{e}}}{n_{\mathrm{e}0}}k_z + \mathrm{i}\frac{q_{\mathrm{e}}}{m_{\mathrm{e}}}E_z = \frac{T_{\mathrm{e}}}{m_{\mathrm{e}}}\left(\frac{n_{\mathrm{e}}}{n_{\mathrm{e}0}}+\frac{q_{\mathrm{e}}\varphi}{T_{\mathrm{e}}}\right)k_z \tag{4.161}$$

如果认为电子沿磁力线方向可以瞬时地响应电场的扰动,即认为电子的响应时间为零,或曰忽略电子的惯性。形式上在式(4.161)中令电子质量趋于零,即有

$$\frac{n_{\mathrm{e}}}{n_{\mathrm{e}0}} = -\frac{q_{\mathrm{e}}\varphi}{T_{\mathrm{e}}} \tag{4.162}$$

此式称为玻尔兹曼关系,是玻尔兹曼分布密度的小扰动表达形式。只要扰动的特征时间远大于电子的响应时间,玻尔兹曼关系通常都可以成立,这样扰动电子密度和电势就有了简单直接的联系,避开了解扰动量的联立方程。

直接利用静电场的泊松方程,即可以获取波的色散关系

$$\nabla^2\varphi = -\frac{1}{\varepsilon_0}\sum_{\alpha}n_{\alpha}q_{\alpha} = -\frac{1}{\varepsilon_0}(n_{\mathrm{i}}q_{\mathrm{i}}+n_{\mathrm{e}}q_{\mathrm{e}}) \tag{4.163}$$

作傅里叶变换后的形式为

$$\begin{aligned} k^2\varphi &= \frac{1}{\varepsilon_0}(n_{\mathrm{i}}q_{\mathrm{i}}+n_{\mathrm{e}}q_{\mathrm{e}}) \\ &= \frac{\omega_{\mathrm{pi}}^2}{\omega^2}(\boldsymbol{k}\cdot\boldsymbol{A}_{\mathrm{i}}^{-1}\cdot\boldsymbol{k}-\mathrm{i}\boldsymbol{k}_{n}\cdot\boldsymbol{A}_{\mathrm{i}}^{-1}\cdot\boldsymbol{k})\varphi-\frac{1}{\lambda_{\mathrm{De}}^2}\varphi \end{aligned} \tag{4.164}$$

故色散关系为

$$k^2 = \frac{\omega_{\mathrm{pi}}^2}{\omega^2}(\boldsymbol{k} \cdot \boldsymbol{A}_{\mathrm{i}}^{-1} \cdot \boldsymbol{k} - \mathrm{i}\boldsymbol{k}_n \cdot \boldsymbol{A}_{\mathrm{i}}^{-1} \cdot \boldsymbol{k}) - \frac{1}{\lambda_{\mathrm{De}}^2} \tag{4.165}$$

值得注意的是，若 $k^2\lambda_{\mathrm{De}}^2 \ll 1$，上式等号左边的项可以忽略，此时的泊松方程与 $\sum_\alpha n_\alpha q_\alpha \approx 0$ 的准中性条件一致，这说明了静电波的长波条件，$k^2\lambda_{\mathrm{De}}^2 \ll 1$ 与准中性条件相当。我们在前面分析各种静电振荡的物理机制时，总是隐含了这个结论。更明确地说，在德拜长度以内进行电荷扰动，产生较大的电荷分离，从而产生较大的电场是允许的，超过德拜长度的大线度的扰动，电荷分离是有限的，必须满足准中性条件①。

将式(4.165)展开：

$$\left(1 - \frac{\omega_{\mathrm{pi}}^2}{\omega^2 - \omega_{\mathrm{ci}}^2}\right)k_x^2 + \left(1 - \frac{\omega_{\mathrm{pi}}^2}{\omega^2}\right)k_z^2 + \frac{1}{\lambda_{\mathrm{De}}^2} = -\mathrm{i}\frac{\omega_{\mathrm{pi}}^2}{\omega^2 - \omega_{\mathrm{ci}}^2}k_x\left(k_{\mathrm{n}x} - \mathrm{i}k_{\mathrm{ny}}\frac{\omega_{\mathrm{ci}}}{\omega}\right) - \mathrm{i}\frac{\omega_{\mathrm{pi}}^2}{\omega^2}k_z k_{\mathrm{n}z} \tag{4.166}$$

等号右边是由于密度不均匀所引起的，在均匀情况下为零。在多数情况下，密度不均匀主要发生在与磁场垂直的方向上。我们这里仅考虑密度梯度与波传播方向垂直，即设为 Y 方向。这样，避免了式(4.166)出现复数解。出现复数解总是对应着阻尼或增长的状态，不是一种稳定的波动状态。反过来说，式(4.166)有稳定波动解的条件之一是传播方向必须与梯度方向垂直。再考虑准中性条件满足传播方向垂直于磁场的情况，有

$$\frac{\omega_{\mathrm{pi}}^2}{\omega^2 - \omega_{\mathrm{ci}}^2}k_x^2 - \frac{1}{\lambda_{\mathrm{De}}^2} = \frac{\omega_{\mathrm{pi}}^2}{\omega^2 - \omega_{\mathrm{ci}}^2} \cdot \frac{\omega_{\mathrm{ci}}}{\omega}k_x k_{\mathrm{ny}} \tag{4.167}$$

在离子回旋频率附近，此式的解就是经过非均匀效应修正的静电离子回旋波：

$$\omega^2 = \omega_{\mathrm{ci}}^2 + k_x^2 C_{\mathrm{s}}^2 \quad k_x k_{\mathrm{ny}} C_{\mathrm{s}}^2 \tag{4.168}$$

注意到，由于这里应用了等温过程，故 $C_{\mathrm{s}}^2 = \gamma_{\mathrm{e}} T_{\mathrm{e}}/m_{\mathrm{i}} = T_{\mathrm{e}}/m_{\mathrm{i}} = \omega_{\mathrm{pi}}^2 \lambda_{\mathrm{De}}^2$。

对于 $\omega^2 \ll \omega_{\mathrm{ci}}^2$ 的低频情况，我们可以得到与密度梯度相关的新模式：

$$\omega = \frac{k_x k_{\mathrm{ny}} C_{\mathrm{s}}^2}{\omega_{\mathrm{ci}}^2 + k_x^2 C_{\mathrm{s}}^2}\omega_{\mathrm{ci}} \approx \frac{k_x k_{\mathrm{ny}} C_{\mathrm{s}}^2}{\omega_{\mathrm{ci}}} \tag{4.169}$$

最后的近似是解的自洽性要求。因为若无 $k^2 C_{\mathrm{s}}^2 \ll \omega_{\mathrm{ci}}^2$ 的条件，则解不符合低频条件要求。这就是静电漂移波的色散关系。若将 k_{ny} 替换成电子的漂移速度：

$$k_{\mathrm{ny}} = \frac{q_{\mathrm{e}} B_0}{T_{\mathrm{e}}} u_{\mathrm{e}0x} \tag{4.170}$$

则静电漂移波的色散关系为

① 当然，准中性条件成立还需要考虑电子的特征响应时间。

$$\omega - \boldsymbol{k} \cdot \boldsymbol{u}_{e0} = 0 \tag{4.171}$$

因而,漂移波的传播方向是电子漂移方向,其相速度与群速度与电子的漂移速度相等。

思 考 题

4.1 指出方程组(4.1)中的非线性项。

4.2 若大气中声波的相速度与频率(或波长)相关,或曰大气对声波是色散介质,人们交流时会有什么不方便之处吗?

4.3 真空中的麦克斯韦方程组有非线性项吗?如果有,是哪一项?如果没有,这意味着什么?在真空中传输的两束强激光相遇时会相互影响吗?

4.4 等离子体频率是波的截止频率,还是共振频率?

4.5 当密度越来越小时,波应向真空中的电磁波进行过渡,阿尔芬波可以直接实现这样的过渡吗?为什么?

4.6 若阿尔芬波速度与光速可比,则对磁场能量密度的要求如何?

4.7 设计实验方案,利用哨声波的延时特性估算电离层的等离子体参数,方案包括测量什么,计算模型需要哪些假设和近似?

4.8 面对磁化的等离子体发射电磁波,如何保证电磁波进入等离子体后是寻常波?

4.9 等离子体中哪些波模是电子成分响应起作用,哪些是离子成分起作用,哪些是电子离子都起作用?电子不起作用的主要原因有哪些?

4.10 无磁场的等离子体中所传播的波频率必须高于等离子体频率,但在有磁场的情况下,出现了一些低于等离子体频率的传播模式,请分析其中的奥秘。

练 习 题

4.1 试证明式(4.11)成立。

4.2　导出式(4.33)。

4.2　试证明,色散方程式(4.41)可以写成式(4.47)艾利斯形式。

4.3　不可压缩流体的数学表达式是$\nabla \cdot \boldsymbol{u} = 0$,由此证明:剪切阿尔芬波和压缩阿尔芬波的流体分别对应着无压缩和可压缩模式。

4.4　推导右旋波、左旋波截止频率的严格表达式,并考察当等离子体密度趋于零的截止频率。

4.5　证明:对忽略离子响应的高频情况下,冷等离子体色散关系可以写成

$$n^2 = \frac{1 - X}{\left\{1 - \dfrac{Y^2 \sin^2\theta}{2(1 - X)} \pm \left[\dfrac{Y^4 \sin^4\theta}{4(1 - X)^2} + Y^2 \cos^2\theta\right]^{1/2}\right\}}$$

其中,$X \mathrel{\hat{=}} \omega_{pe}^2/\omega^2$,$Y \mathrel{\hat{=}} \omega_{ce}/\omega$。此式称为阿普勒顿-哈特里(Appleton-Hartree)公式。

4.6　对朗缪尔振荡模式,证明:流体扰动的动能与扰动电场能量平均值相等,两者相互转换。

4.7　等离子体中波动的能量由两部分组成,其一是电磁场的能量,其二是与波频率一致的粒子的振动能量(极化能量)。证明:对冷等离子体中电磁波而言,前者大于后者。

4.8　求电子回旋波的最大相速度,最大的相速度的频率是多少?

4.9　根据式(4.81),求哨声波最大的群速度。

4.10　在单离子成分的等离子体中,左、右旋波共同的传播区域内,左旋波的相速度总是小于右旋波。但若考虑两种离子成分的等离子体,则左、右旋波在某个频率上相速度可以相等,即色散曲线可以出现交叉,故称此频率为交叉频率,请求出交叉频率。

4.11　证明:高杂化静电波中电子流体运动与离子相反,且速度远大于离子。

4.12　比较等离子体各特征频率ω_{ci},ω_{ce},ω_{LH},ω_{HH},ω_L,ω_R,ω_{pe}的大小顺序,给出条件。

4.13　设$\omega_{pe}^2 > 2\omega_{ce}^2$,将垂直于磁场和平行于磁场的波色散曲线$n^2(\omega)$绘于同一图中,以L,R,O,X注明左旋波、右旋波、寻常波、异常波。考虑当传播方向$0 < \theta < \pi/2$时,色散曲线是如何过渡的,用阴影标明$0 < \theta < \pi/2$情况下的传播区域。

第5章 等离子体不稳定性

5.1 等离子体不稳定性概述

热力学定律告诉我们,任何一个孤立体系随时间演化的最终状态是热力学平衡态。完全的热力学平衡态是,系统的各类粒子的速度分布均为麦克斯韦分布,所有种类粒子都具有相同的温度;系统中辐射场的谱分布符合普朗克(Planck)分布,普朗克分布唯一的参数辐射温度与诸粒子成分的温度相等。若体系中不存在外力场,则粒子密度在空间是均匀的,否则,粒子密度的空间分布将符合玻尔兹曼关系。

然而,这种完全热力学平衡的状态在实际物理系统中几乎不可能达到,更遑论等离子体这种复杂的系统。其主要原因有两点:其一,严格的孤立体系实际上是没有的,除非将整个宇宙视为一个体系;其二,系统的维持时间与达到热平衡所需的时间可能相差甚远。热力学平衡系统是信息量最少的体系,我们通常不会面对完全热力学平衡这种毫无生机的系统。热力学定律告诉了我们一个系统演化的方向,我们面对的体系都是处于正在演化的状态。

等离子体通常处于高度非热力学平衡状态。根据热力学平衡态的含义,系统偏离热力学平衡的方式和层次有以下几种:① 粒子的局域速度分布函数不是麦克斯韦型；② 不同粒子种类之间未达到热平衡，不同成分的温度不同[①]；③ 粒子密度的空间分布不均匀，或未达到玻尔兹曼分布。非热（力学）平衡系统走向热平衡方式可以有多种，可以以扩散、对流等缓和、渐变的热力学过程来实现，但也可以是以涉及整体的、剧烈的不稳定性过程来达到。不稳定性是指系统扰动随时间指数增长的物理过程，其驱动的根本因素就是系统偏离热力学平衡的自由能，在不稳定性发展的过程中，自由能得到释放，最终化为系统的无规热运动能量。

等离子体不稳定性丰富多彩，有多种不同的分类方法。若按照偏离热力学平衡的方式来分，可以分成宏观不稳定性和微观不稳定性。首先是宏观不稳定性，此时体系粒子之间达到了麦克斯韦分布，但空间处于非均匀状态。宏观不稳定性导致粒子宏观整体的运动，可以用流体模型来描述，故也称为磁流体（MHD）不稳定性。其次是微观不稳定性，此时体系的粒子速度分布不是热平衡的麦克斯韦分布，或各种粒子总的速度分布未达到热平衡的分布。微观不稳定性涉及的是速度分布空间，不是我们所感知的实空间，所考虑的出发点是微观的粒子速度分布，故有“微观”之称。微观不稳定性一般需要用动理学理论描述。一般而言，宏观不稳定性发展比较剧烈，但微观不稳定性的发展最终也会显示出宏观效果。如果需要控制系统的不稳定性发展，那么首先应关注宏观不稳定性，然后才是微观不稳定性。

等离子体中的不稳定性也可以按其电磁性质分成静电不稳定性和电磁不稳定性两种，前者在不稳定性发展过程中，仅有电场扰动，后者则为电磁扰动。若按驱动不稳定性的机制来分，可以有电流不稳定性、压力不稳定性、川流不稳定性等。在磁约束等离子体中，人们还喜欢将宏观不稳定性按形态命名，如扭曲模、腊肠模、撕裂模、气球模、水龙管模等。

下面我们分析几种典型的不稳定性，从中得到其特征和不稳定性发展的条件。同时通过分析过程，给出研究不稳定性的基本方法。

---

① 粒子与辐射之间的热力学平衡一般很难达到，故一般而言，可以将粒子和辐射分别处理。然而，对于粒子之间相互作用很强的特定频率的辐射，如线光谱辐射、回旋辐射，则粒子可能与此频率的辐射达到热平衡，具有相同的温度。

5.2 瑞利-泰勒不稳定性

5.2.1 不稳定性机制与图像

从日常的体验中,我们可以从物体“头重脚轻”联想到“不稳定”,因为这种状态很容易倾覆,变成“头轻脚重”。头重脚轻的状态实际上就是处于不稳定的状态,倾覆的过程,就是不稳定性发展的过程,也是物体势能降低的过程。对一般热力学体系的不稳定性而言,不稳定性发展的过程是自由能降低的过程。

瑞利-泰勒(Rayleigh-Taylor)不稳定性首先是在流体中发现的。当质量密度大的流体(重流体)由质量密度小的流体(轻流体)所支撑时,在重力的作用下就会产生这种不稳定性,故也称为重力不稳定性。

瑞利-泰勒不稳定性是经常可以碰到的。我们知道,油可以均匀地漂浮在水面上,但水却不能浮在油面上;将一杯水倒置,水一定会流出。这里水流下的原因并不是杯子里的水受到了净的向下的力,实际上水所受到的重力与大气对水的压力是平衡的。水可以流出的原因在于这种平衡是不稳定的,水与大气分界面上一个小的涟漪,就能使这种平衡遭到破坏,涟漪发展的结果变成了水的整体下落,如图 5.1 所示。

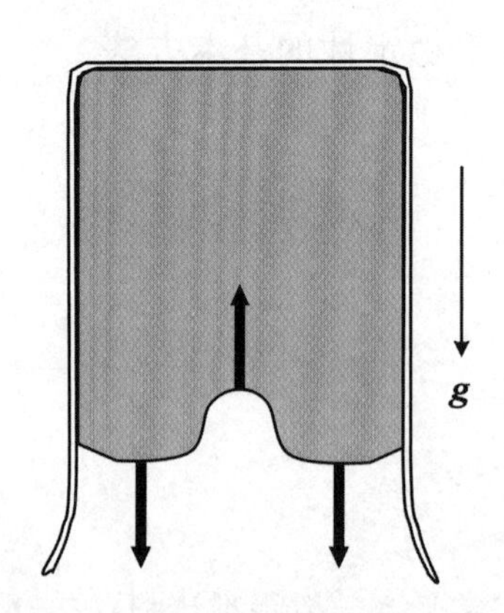

图 5.1 倒置的水表面处瑞利-泰勒不稳定性的发展

设等离子体中存在密度梯度，或更极端一点，等离子体有一个明确的边界，磁场对等离子体的作用力平衡着等离子体的压力梯度；若同时在密度梯度的方向上还存在着非电磁力(类似于重力)，这种情况就与上述流体中发生瑞利-泰勒不稳定性的状态类似。

下面我们分析一下磁流体中瑞利-泰勒不稳定性的图像。如图5.2所示，设等离子体有一个锐边界($y=0$)，磁场垂直于纸面，在重力作用下，等离子体中的电子、离子成分会产生不同的重力漂移：

$$\boldsymbol{u}_{\mathrm{i}0} = \frac{m_{\mathrm{i}}\boldsymbol{g}\times\boldsymbol{B}_0}{q_{\mathrm{i}}B_0^2},\quad \boldsymbol{u}_{\mathrm{e}0} = \frac{m_{\mathrm{e}}\boldsymbol{g}\times\boldsymbol{B}_0}{q_{\mathrm{e}}B_0^2} \tag{5.1}$$

与离子成分相比，电子流体的漂移方向相反，但速度大小可以忽略。因而，在分界面开始有流体扰动的情况下($\boldsymbol{k}_x\neq 0$)，漂移运动会产生电荷分离，在表面积累电荷，从而产生电场。在此电场的作用下，离子与电子的流体电漂移方向与初始扰动方向一致，使扰动幅度增加，因此产生了不稳定性。

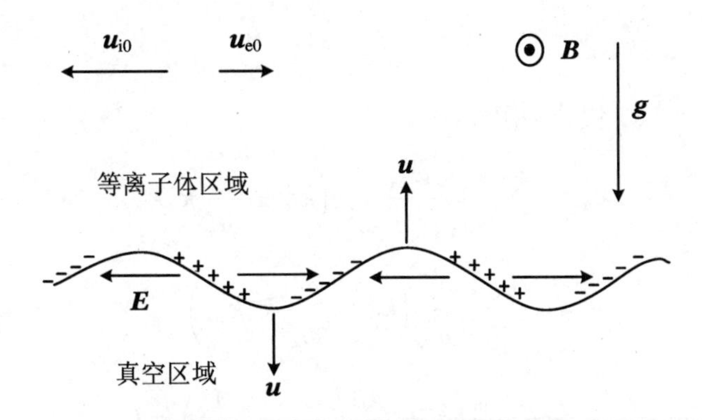

图5.2　等离子体中瑞利-泰勒不稳定性机制

5.2.2　简正模分析

对不稳定性进行分析的一种常用方法是简正模方法，这实际上就是上一章分析线性波时所用的方法。同样我们考察系统固有的简谐波动模式，如果在波的色散关系中，频率出现了复数，$\omega=\omega\gamma+\mathrm{i}\gamma$，则由扰动的形式

$$\text{扰动量} \sim e^{-\mathrm{i}\omega t} = e^{-\mathrm{i}(\omega_r+\mathrm{i}\gamma)t} = e^{\gamma t}e^{-\mathrm{i}\omega_r t} \tag{5.2}$$

可知，复数频率的实部对应着随时间简谐变化的频率，而正的虚部则体现了扰动量随时间的指数增长，这就是不稳定性，γ就是此模式不稳定性的增长率。

瑞利-泰勒不稳定性是一种理想磁流体不稳定性，可以采用冷等离子体近似，由于密度梯度本身引起的漂移可以略去，只需考虑重力产生的漂移。这样，我们可以直接采用4.7节结论考虑漂移波时所导出的流体扰动量方程(4.155)：

$$\begin{cases} \omega_\alpha^* \boldsymbol{u}_\alpha = \mathrm{i}\dfrac{q_\alpha}{m_\alpha}(\boldsymbol{E} + \boldsymbol{u}_\alpha \times \boldsymbol{B}_0) \\ \omega_\alpha^* n_\alpha = n_{\alpha 0}(\boldsymbol{k} - \mathrm{i}\boldsymbol{k}_\mathrm{n}) \cdot \boldsymbol{u}_\alpha \end{cases} \tag{5.3}$$

考虑静电扰动，则可以直接写出色散关系：

$$k^2 = \sum_\alpha \frac{\omega_{\mathrm{p}\alpha}^2}{\omega_\alpha^{*2}}(\boldsymbol{k} - \mathrm{i}\boldsymbol{k}_\mathrm{n}) \cdot \boldsymbol{A}_\alpha^{*-1} \cdot \boldsymbol{k} \tag{5.4}$$

其中，

$$\boldsymbol{A}_\alpha^{*-1} = \boldsymbol{A}_\alpha^{-1}\big|_{\omega=\omega^*} = \frac{\omega_\alpha^{*2}}{\omega_\alpha^{*2} - \omega_{\mathrm{c}\alpha}^2}\begin{pmatrix} 1 & \mathrm{i}\dfrac{\omega_{\mathrm{c}\alpha}^*}{\omega_\alpha^*} & 0 \\ -\mathrm{i}\dfrac{\omega_{\mathrm{c}\alpha}^*}{\omega_\alpha^*} & 1 & 0 \\ 0 & 0 & 1 - \dfrac{\omega_{\mathrm{c}\alpha}^2}{\omega_\alpha^{*2}} \end{pmatrix} \tag{5.5}$$

将 $\boldsymbol{k} = k_x \boldsymbol{e}_x$，$\boldsymbol{k}_\mathrm{n} = k_{\mathrm{n}y}\boldsymbol{e}_y$ 代入，有

$$\begin{aligned} k_x^2 &= \sum_\alpha \frac{\omega_{\mathrm{p}\alpha}^2}{\omega_\alpha^{*2} - \omega_{\mathrm{c}\alpha}^2}\left(k_x^2 - \frac{\omega_{\mathrm{c}\alpha}}{\omega_\alpha^*}k_x k_{\mathrm{n}y}\right) \\ &\approx -\sum_\alpha \frac{\omega_{\mathrm{p}\alpha}^2}{\omega_{\mathrm{c}\alpha}^2}\left(k_x^2 - \frac{\omega_{\mathrm{c}\alpha}}{\omega_\alpha^*}k_x k_{\mathrm{n}y}\right) \\ &\approx -\frac{\omega_{\mathrm{pi}}^2}{\omega_{\mathrm{ci}}^2}k_x^2 + \frac{\omega_{\mathrm{pi}}^2}{\omega_{\mathrm{ci}}}\left(\frac{1}{\omega_\mathrm{i}^*} - \frac{1}{\omega_\mathrm{e}^*}\right)k_x k_{\mathrm{n}y} \\ &= \frac{\omega_{\mathrm{pi}}^2}{\omega_{\mathrm{ci}}^2}\left[\frac{k_{\mathrm{n}y}}{k_x}\left(\frac{\omega_{\mathrm{ci}}}{\omega_\mathrm{i}^*} - \frac{\omega_{\mathrm{ci}}}{\omega_\mathrm{e}^*}\right) - 1\right]k_x^2 \end{aligned} \tag{5.6}$$

由于 $\omega_{\mathrm{pi}}^2/\omega_{\mathrm{ci}}^2 = c^2/v_A^2 \gg 1$，等式左边可以忽略，因而可以得到色散方程：

$$\frac{1}{\omega_\mathrm{i}^*} - \frac{1}{\omega_\mathrm{e}^*} - \frac{1}{\omega_{\mathrm{ci}}} \cdot \frac{k_x}{k_{\mathrm{n}y}} = 0 \tag{5.7}$$

或有

$$(\omega - k_x u_{\mathrm{i}0x})(\omega - k_x u_{\mathrm{e}0x}) + \omega_{\mathrm{ci}} k_{\mathrm{n}y}(u_{\mathrm{e}0x} - u_{\mathrm{i}0x}) = 0 \tag{5.8}$$

其解为

$$\omega = \frac{1}{2}k_x(u_{\mathrm{i}0x} + u_{\mathrm{e}0x}) \pm \left[\omega_{\mathrm{ci}} k_{\mathrm{n}y}(u_{\mathrm{i}0x} - u_{\mathrm{e}0x}) + \frac{1}{4}k_x^2(u_{\mathrm{i}0x} + u_{\mathrm{e}0x})^2\right]^{1/2} \tag{5.9}$$

因而,重力不稳定性条件为

$$\omega_{ci} k_{ny} (u_{i0x} - u_{e0x}) + \frac{1}{4} k_x^2 (u_{i0x} + u_{e0x})^2 < 0 \tag{5.10}$$

重力不稳定性增长率为

$$\gamma = \left[\omega_{ci} k_{ny} (u_{e0x} - u_{i0x}) - \frac{1}{4} k_x^2 (u_{e0x} + u_{i0x})^2 \right]^{1/2} \tag{5.11}$$

对重力漂移,电子漂移速度可以忽略,离子漂移速度 $u_{i0x} = g_y/\omega_{ci}$,不稳定性条件可以简化为

$$\frac{1}{4} k_x^2 u_{i0x}^2 < - k_{ny} g_y = - \boldsymbol{k}_n \cdot \boldsymbol{g} \tag{5.12}$$

由于不等式左边是非负的,故若 $\boldsymbol{k}_n \cdot \boldsymbol{g} > 0$,也即密度梯度方向与重力方向一致时,不存在重力不稳定性,这实际上就是流体中质量密度大的流体支撑密度小的流体的情况。所以,重力不稳定性的必要条件是

$$\boldsymbol{k}_n \cdot \boldsymbol{g} < 0 \tag{5.13}$$

只要不稳定性的必要条件得到满足,总存在适当的波模(波长足够大)的扰动是不稳定的。对长波模,重力不稳定性的增长率为

$$\gamma = (- \boldsymbol{k}_n \cdot \boldsymbol{g})^{1/2} \tag{5.14}$$

值得指出的是,我们现在分析的是线性过程,即扰动量足够小,我们只考察了系统力学平衡状态附近的动力学性质,因而这种不稳定性分析的结论应该注上"线性"的标签。至于系统偏离平衡态稍远的稳定性质,需要考虑非线性项的作用,这时系统稳定的性质可能与线性情况下大不相同。也就是说,体系在力学平衡点附近的动力学性质,可以是线性稳定非线性也稳定、线性稳定非线性不稳定、线性不稳定非线性稳定、线性不稳定非线性也不稳定这4种情况中的任何一种。

5.2.3　交换不稳定性

重力不稳定性有时也称槽形不稳定性,这是因为重力不稳定性在表面扰动的形状呈沟槽状。扰动波矢垂直于磁场,在磁场方向扰动的大小和相位相同,故此扰动形成的沟槽沿着磁力线方向。

我们也可以从另一个角度看待重力不稳定性的扰动过程,平静的界面产生槽形的扰动,可以看成是邻近磁力管之间的交换,因而重力不稳定性又可以称为交换不稳定性。不过,交换不稳定性通常特指在非均匀磁场情况下的重力不稳定性,此时外力是非均匀磁场产生的等效力。

在第 2 章我们分析过，非均匀磁场对等离子体中电子和离子产生的等效力为

$$\boldsymbol{F}_{\mathrm{e}} = -\frac{W_{\mathrm{e}\perp}}{B_0}\nabla B_0 \widehat{=} W_{\mathrm{e}\perp}\boldsymbol{k}_{\mathrm{B}},\quad \boldsymbol{F}_{\mathrm{i}} = -\frac{W_{\mathrm{i}\perp}}{B_0}\nabla B_0 \widehat{=} W_{\mathrm{i}\perp}\boldsymbol{k}_{\mathrm{B}} \tag{5.15}$$

其中，$W_{\perp}$ 表示粒子垂直于磁场方向的动能；$\boldsymbol{k}_{\mathrm{B}} \widehat{=} \nabla B_0/B_0$ 表示了非均匀性的大小和梯度方向。在此力作用下，离子与电子成分之间的相对漂移速度为

$$\begin{aligned}\boldsymbol{u}_{\mathrm{i}0} - \boldsymbol{u}_{\mathrm{e}0} &= -\frac{W_{\mathrm{i}\perp}\boldsymbol{k}_{\mathrm{B}}\times\boldsymbol{B}_0}{q_{\mathrm{i}}B_0^2} + \frac{W_{\mathrm{e}\perp}\boldsymbol{k}_{\mathrm{B}}\times\boldsymbol{B}_0}{q_{\mathrm{e}}B_0^2}\\ &= -\frac{(W_{\mathrm{i}\perp} + W_{\mathrm{e}\perp})\boldsymbol{k}_{\mathrm{B}}\times\boldsymbol{B}_0}{q_{\mathrm{i}}B_0^2}\end{aligned} \tag{5.16}$$

因而，根据式(5.10)，此时不稳定性的必要条件为

$$\omega_{\mathrm{ci}}k_{\mathrm{n}y}(u_{\mathrm{i}0x} - u_{\mathrm{e}0x}) < 0 \tag{5.17}$$

或者

$$k_{\mathrm{n}y}k_{\mathrm{B}y} = \boldsymbol{k}_{\mathrm{n}}\cdot\boldsymbol{k}_{\mathrm{B}} > 0 \tag{5.18}$$

这表明了交换不稳定性的条件是密度梯度与磁场梯度方向一致。交换不稳定性的意义是简明的，通过磁力管的交换，等离子体由强磁场区域交换至弱磁场区，那么由于等离子体中磁能的减少，系统将处于较低的能态，因而这种交换可以持续地进行。严格而言，只有等离子体处于磁场的极小值处，才不会存在交换不稳定性，这就是所谓的最小 B 位形。

实际上，不均匀磁场的磁力线总是弯曲的，磁场梯度的方向与磁力线曲率的方向相反。我们也可以用磁力线的形状来判断交换不稳定性条件。当磁力线凸向等离子体时，是稳定的位形；若磁力线凹向等离子体，则是交换不稳定的。所以，由两个平行电流环构成的简单磁镜，尽管可以捕获带电粒子，但对交换模是不稳定的，因而不能约束较高温度、较大密度的等离子体。

由于交换模涉及整个磁力管的交换，如果磁力线既有凸向部分，又有凹向部分，则交换模的稳定与否取决于两者的比例。有效的等离子体磁约束装置(如托卡马克)都是通过磁力线的旋转减少或消除了交换不稳定性。

5.3 螺旋不稳定性

5.3.1 不稳定性机制与图像

产生螺旋不稳定性的系统是具有螺旋形磁场的直柱或环形等离子体。外加纵向(轴向)磁场,同时等离子体中有纵向电流就可以形成这样的系统。托卡马克、箍缩装置是具有此类位形的最典型的例子。纵向电流产生的磁场是极向的,它与外加的纵向磁场一起,使磁力线呈螺旋形状。我们知道,磁张力总是试图使磁力线伸直,因而只要扰动能使磁力线有伸直或变短的趋势,则此种扰动就可以发展起来,成为不稳定性。由于理想等离子体的冻结效应,螺旋状磁力线的伸直必然导致等离子体本身产生螺旋形扭曲,如图 5.3 所示。显然,螺旋形不稳定性的驱动能量是磁场的能量,不稳定性的发展是以消耗磁场能量为代价的。

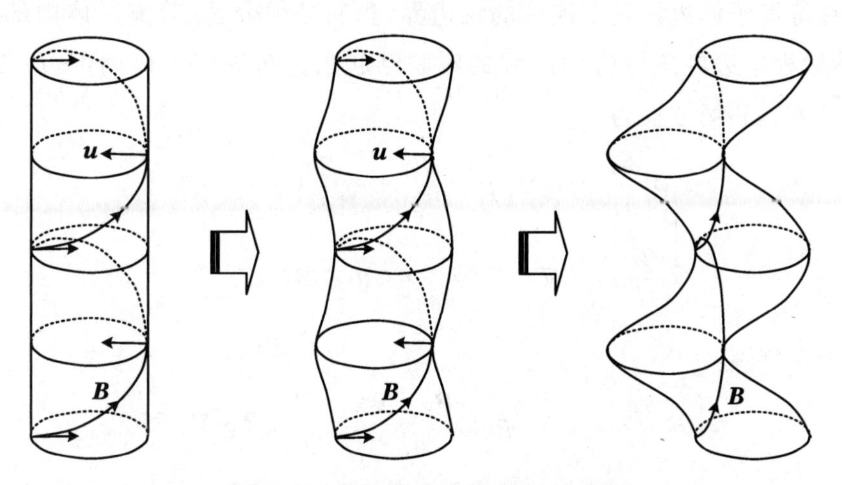

图 5.3　螺旋不稳定性发展示意图

5.3.2 色散关系

为了突出螺旋不稳定性,我们对系统做以下假定:① 柱状等离子体,有明显的等离子体分界面;② 只有等离子体表面有面电流;③ 等离子体不可压缩。这样,平衡时在等离子体内部只有纵向磁场,在外部仅有纵向和极向磁场:

$$\boldsymbol{B}_0 = \begin{cases} B_0 \boldsymbol{e}_z & (r \leqslant a) \\ B_{0\theta}^{(e)} \boldsymbol{e}_\theta + B_{0z}^{(e)} \boldsymbol{e}_z & (r \geqslant a) \end{cases} \tag{5.19}$$

其中,a 为等离子体柱半径。应该注意到,由于只存在面电流,故 B_0 和 $B_{0z}^{(e)}$ 均与 r 无关,$B_{0\theta}^{(e)} \sim 1/r$。

螺旋不稳定性是与阿尔芬波相关的一种 MHD 行为,实际上只需要考虑单磁流体的情况。采用直柱坐标系,我们设等离子体位移 $\boldsymbol{\xi}(\boldsymbol{u} \,\hat{=}\, \mathrm{d}\boldsymbol{\xi}/\mathrm{d}t)$ 和磁场的扰动形式如下:

$$\boldsymbol{\xi} = \begin{cases} \boldsymbol{\xi}(r) e^{\mathrm{i}(k_z z - m\theta - \omega t)} & (r \leqslant a) \\ 0 & (r \geqslant a) \end{cases} \tag{5.20}$$

$$\boldsymbol{B} = \begin{cases} \boldsymbol{B}(r) e^{\mathrm{i}(k_z z - m\theta - \omega t)} & (r \leqslant a) \\ \boldsymbol{B}^{(e)}(r) e^{\mathrm{i}(k_z z - m\theta - \omega t)} & (r \geqslant a) \end{cases} \tag{5.21}$$

这里,$\boldsymbol{B}^{(e)}$ 为等离子体外部磁场扰动幅度,与内部的幅度一般不同。注意到,我们只对极向和纵向进行了空间二维的傅里叶分量展开,径向方向上没有展开,保持扰动量在径向方向的变化。

由于在等离子体边界是不连续的锐边界,我们必须分区(等离子体内部和外部)来求解,然后根据边界条件将两区域的解联结起来。在等离子体内部,应用理想磁流体的运动方程和场方程为

$$\begin{cases} \rho \dfrac{\mathrm{d}\boldsymbol{u}}{\mathrm{d}t} = -\nabla\left(p + \dfrac{B^2}{2\mu_0}\right) + \dfrac{1}{\mu_0}(\boldsymbol{B} \cdot \nabla)\boldsymbol{B} \\ \dfrac{\partial \boldsymbol{B}}{\partial t} = -\nabla \times \boldsymbol{E} = \nabla \times (\boldsymbol{u} \times \boldsymbol{B}) \end{cases} \tag{5.22}$$

线性化后的方程为

$$\begin{cases} \rho_0 \dfrac{\partial \boldsymbol{u}}{\partial t} = -\nabla\left(p + \dfrac{\boldsymbol{B}_0 \cdot \boldsymbol{B}}{\mu_0}\right) + \dfrac{1}{\mu_0}(\boldsymbol{B} \cdot \nabla)\boldsymbol{B} \\ \dfrac{\partial \boldsymbol{B}}{\partial t} = \nabla \times (\boldsymbol{u} \times \boldsymbol{B}_0) \end{cases} \tag{5.23}$$

应用位移扰动,则场方程简化为

$$\begin{aligned} \boldsymbol{B} &= \nabla \times (\boldsymbol{\xi} \times \boldsymbol{B}_0) = -\boldsymbol{B}_0(\nabla \cdot \boldsymbol{\xi}) + (\boldsymbol{B}_0 \cdot \nabla)\boldsymbol{\xi} \\ &= (\boldsymbol{B}_0 \cdot \nabla)\boldsymbol{\xi} = \mathrm{i}k_z B_0 \boldsymbol{\xi} \end{aligned} \tag{5.24}$$

这里应用了不可压缩扰动的假设,$\nabla \cdot \boldsymbol{\xi} = 0$。运动方程简化为

$$\rho_0 \frac{\partial^2 \boldsymbol{\xi}}{\partial t^2} = -\nabla\left(p + \frac{\boldsymbol{B}_0 \cdot \boldsymbol{B}}{\mu_0}\right) + \frac{1}{\mu_0}(\boldsymbol{B}_0 \cdot \nabla)\boldsymbol{B} \,\widehat{=}\, -\nabla\tilde{p} + \frac{1}{\mu_0}(\boldsymbol{B}_0 \cdot \nabla)\boldsymbol{B} \tag{5.25}$$

其中，$\tilde{p} \,\widehat{=}\, p + \boldsymbol{B}_0 \cdot \boldsymbol{B}/\mu_0$ 为总的压力扰动量。将扰动量的扰动简谐形式代入

$$\left(\rho_0 \omega^2 - \frac{k_z^2 B_0^2}{\mu_0}\right)\boldsymbol{\xi} = \nabla\tilde{p} \tag{5.26}$$

或者

$$\boldsymbol{\xi} = \frac{\dfrac{\nabla\tilde{p}}{\rho_0}}{\omega^2 - \dfrac{k_z^2 B_0^2}{\mu_0 \rho_0}} = \frac{\dfrac{\nabla\tilde{p}}{\rho_0}}{\omega^2 - k_z^2 V_{\mathrm{A}}^2} \tag{5.27}$$

再次应用不可压缩条件，我们可以得到总压力扰动应满足拉普拉斯（Laplace）方程$\nabla^2\tilde{p} = 0$，其振幅的径向变化 $\tilde{p}(r)$满足虚增量的贝塞尔（Bessel）方程：

$$\frac{1}{r} \cdot \frac{\mathrm{d}}{\mathrm{d}r}\left(r\frac{\mathrm{d}\tilde{p}}{\mathrm{d}r}\right) - \left(\frac{m^2}{r^2} + k_z^2\right)\tilde{p} = 0 \tag{5.28}$$

在 $r = 0$ 处有限的解为第一类修正贝塞尔函数：

$$\tilde{p}(r) = \tilde{p}(a)\frac{I_{\mathrm{m}}(k_z r)}{I_{\mathrm{m}}(k_z a)} \tag{5.29}$$

在等离子体外部，由于有$\nabla \times \boldsymbol{B}^{(e)} = 0$，故可以引入势函数 ψ，使得 $\boldsymbol{B}^{(e)} = -\nabla\psi$，则 ψ 同样满足拉普拉斯方程。在 $r = \infty$ 处有限的解为第二类修正贝塞尔函数：

$$\psi(r) = \psi(a)\frac{K_{\mathrm{m}}(k_z r)}{K_{\mathrm{m}}(k_z a)} \tag{5.30}$$

将等离子体内部、外部的解联结起来，就可以获得本征模式所满足的色散关系。首先我们考虑总压强连续的条件：

$$\begin{aligned}\tilde{p}(a) &= \left[\frac{\boldsymbol{B}^{(e)} \cdot \boldsymbol{B}_0^{(e)}}{\mu_0} + \xi_r \frac{\partial}{\partial r}\left(\frac{\boldsymbol{B}_0^{(e)2}}{2\mu_0}\right)\right]_{r=a} \\ &= -\mathrm{i}\left(k_z B_{0z}^{(e)} - \frac{m}{a}B_{0\theta}^{(e)}\right)\frac{\psi(a)}{\mu_0} - \frac{B_{0\theta}^{(e)2}}{\mu_0 a}\xi_r(a)\end{aligned} \tag{5.31}$$

其次是切向电场连续条件，等离子体内部电场为零，对扰动量，有

$$\boldsymbol{n} \times (\boldsymbol{E}^{(e)} + \boldsymbol{u} \times \boldsymbol{B}_0^{(e)})_{r=a} = 0 \tag{5.32}$$

$\boldsymbol{n}$ 为未扰动的边界法向。对上式作散度运算可以证明，上式与下面方程一致：

$$\boldsymbol{n} \cdot [\nabla \times (\boldsymbol{E}^{(e)} + \boldsymbol{u} \times \boldsymbol{B}_0^{(e)})]_{r=a} = 0 \tag{5.33}$$

于是切向电场连续条件又可以写成

$$\boldsymbol{n} \cdot [\boldsymbol{B}^{(e)} - \nabla \times (\boldsymbol{\xi} \times \boldsymbol{B}_0^{(e)})]_{r=a} = 0 \tag{5.34}$$

对柱面未扰动边界，$\boldsymbol{n} = \boldsymbol{e}_r$，故有

$$\left[B_r^{(e)} - (\boldsymbol{B}_0^{(e)} \cdot \nabla)\xi_r\right]_{r=a} = \left[B_r^{(e)} - \mathrm{i}\left(k_z B_{0z}^{(e)} - \frac{m}{r}B_{0\theta}^{(e)}\right)\xi_r\right]_{r=a} = 0 \quad (5.35)$$

最终有

$$k_z \frac{K'_{\mathrm{m}}(k_z a)}{K_{\mathrm{m}}(k_z a)}\psi(a) + \mathrm{i}\left(k_z B_{0z}^{(e)} - \frac{m}{a}B_{0\theta}^{(e)}\right)\xi_r(a) = 0 \quad (5.36)$$

又由式(5.27)得

$$\xi_r(a) = \frac{\dfrac{\partial \tilde{p}}{\partial r}}{\rho_0(\omega^2 - k_z^2 V_{\mathrm{A}}^2)}\Bigg|_{r=a} = \frac{\dfrac{k_z}{\rho_0}}{\omega^2 - k_z^2 V_{\mathrm{A}}^2} \cdot \frac{I'_{\mathrm{m}}(k_z a)}{I_{\mathrm{m}}(k_z a)}\tilde{p}(a) \quad (5.37)$$

由式(5.31)、式(5.36)、式(5.37)可得螺旋不稳定性的色散方程为

$$\omega^2 = k_z^2 V_{\mathrm{A}}^2 - \frac{\left(k_z B_{0z}^{(e)} - \dfrac{m B_{0\theta}^{(e)}}{a}\right)^2}{\rho_0 \mu_0} \cdot \frac{I'_{\mathrm{m}}(k_z a)}{I_{\mathrm{m}}(k_z a)} \cdot \frac{K_{\mathrm{m}}(k_z a)}{K'_{\mathrm{m}}(k_z a)} - \frac{k_z B_{0\theta}^{(e)2}}{\rho_0 \mu_0 a} \cdot \frac{I'_{\mathrm{m}}(k_z a)}{I_{\mathrm{m}}(k_z a)} \quad (5.38)$$

5.3.3 模式分析

我们从式(5.38)可以看出,这种不稳定性实际上是对均匀、无限空间等离子体中剪切阿尔芬波的修正,有限边界的出现改变了本征模式。由于$I'_{\mathrm{m}}/I_{\mathrm{m}}>0$,$K'_{\mathrm{m}}/K_{\mathrm{m}}<0$,所以色散方程右边前两项起稳定作用,第三项是不稳定性的根源。第一项是等离子体内部磁力线弯曲而引起的恢复力,起稳定作用。第二项则是等离子体外表面磁力线弯曲所引起的恢复力,也起稳定作用。当扰动的螺距与磁力线的螺距一致,即

$$\frac{2\pi m}{k_z} = \frac{2\pi a B_{0z}^{(e)}}{B_{0\theta}^{(e)}} \mathrel{\widehat{=}} L_a \quad (5.39)$$

第二项为零,因而这种外形匹配的扰动是最容易发展的不稳定性扰动方式。下面我们根据色散关系分析几种典型的螺旋不稳定性。

1. 箍缩放电时的腊肠型不稳定性

$m=0$的扰动称为腊肠型不稳定性,此时在极向上扰动是一致的,如图5.4所示。所谓箍缩放电,是指在纵向通过较大的(表面)电流,因而在等离子体外产生较强的极向磁场,这时,可以忽略等离子体外的纵向磁场,此时有

$$\omega^2 = k_z^2 V_{\mathrm{A}}^2 \left[1 - \frac{B_{0\theta}^{(e)2}}{B_0^2} \cdot \frac{I'_0(k_z a)}{k_z a I_0(k_z a)}\right] \quad (5.40)$$

由于 $I_0'(x)/xI_0(x)$ 的极大值为 1/2，故当

$$2B_0^2 < B_{0\theta}^{(e)2} \tag{5.41}$$

时，腊肠型扰动是不稳定的。

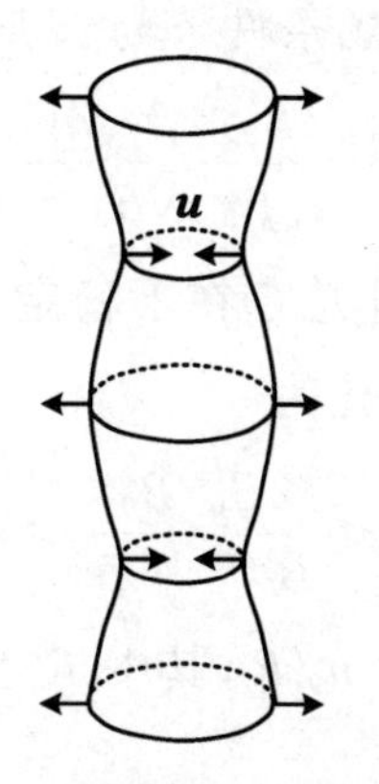

图 5.4　腊肠型扰动示意图

2．扭曲型不稳定性

在 $m\neq 0$ 情况下，等离子体的扰动形状呈扭曲型，故称为扭曲模。我们考虑 $m=1$ 的模式，这种扰动是柱体截面有一个整体位移，结合纵向的变化，扰动图像是一个左右相错的扭曲（类似于新疆舞中典型的颈部动作）。仍然忽略等离子体外的纵向磁场：

$$\omega^2 = k_z^2 V_A^2\left[1+\frac{B_{0\theta}^{(e)2}}{B_0^2}\cdot\frac{I_1'(k_za)}{k_zaI_1(k_za)}\cdot\frac{K_0(k_za)}{K_1'(k_za)}\right] \tag{5.42}$$

这里应用了 $xK_0(x)=K_1(x)-xK_1'(x)$ 等式。对长波扰动，$k_za\to 0$，上式中关于 k_za 的函数有渐近值 $\ln(k_za)$，所以不稳定性条件为

$$\left(\frac{B_{0\theta}^{(e)2}}{B_0^2}\right)\ln(k_za) < -1 \tag{5.43}$$

所以对长波扰动而言，此种情况下 $m=1$ 的扭曲模总是不稳定的。

3．强纵场的情况

这种情况对应托卡马克放电形式，这时我们可以考虑长波扰动来分析最可能的不稳定性。在长波近似下，$I_m'/I_m\to m/k_za$，$K_m'/K_m\to -m/k_za$，色散方程简化为

$$\omega^2 = V_A^2\left[k_z^2+\frac{\left(k_zB_{0z}^{(e)}-\dfrac{mB_{0\theta}^{(e)}}{a}\right)^2}{B_0^2}-\frac{mB_{0\theta}^{(e)2}}{a^2B_0^2}\right] \tag{5.44}$$

当

$$k_z = \frac{m}{a} \cdot \frac{B_{0z}^{(e)} B_{0\theta}^{(e)}}{B_{0z}^{(e)2} + B_0^2} \tag{5.45}$$

时，ω^2 取极小值(注意上式在强纵场条件下与长波条件自洽)

$$\omega_{\min}^2 = \frac{V_A^2}{a^2} \cdot \frac{B_{0\theta}^{(e)2}}{B_0^2} \left(\frac{m^2 B_0^2}{B_0^2 + B_{0z}^{(e)2}} - m \right) \tag{5.46}$$

对 $m=1$ 模式，上式总小于零，因此总存在不稳定性。在强纵场条件下，通常有 $B_0^2 \sim B_{0z}^{(e)2} \gg B_{0\theta}^{(e)2}$，不稳定性条件可以简化为

$$k_z a < \frac{2B_{0z}^{(e)} B_{0\theta}^{(e)}}{B_{0z}^{(e)2} + B_0^2} \approx \frac{B_{0\theta}^{(e)}}{B_{0z}^{(e)}} \tag{5.47}$$

对环形等离子体，可以设 $k_z = n/R$，其中 R 为环的半径、n 为整数。故对 $m=1$ 不稳定性条件可以写成

$$q(a) \mathrel{\widehat{=}} \left(\frac{a}{R}\right)\left(\frac{B_{0z}^{(e)}}{B_{0\theta}^{(e)}}\right) < 1 \tag{5.48}$$

这就是著名的克鲁斯卡-沙夫拉诺夫(Kruskal-Shafranov)判据，q 称为安全因子。如果边界的安全因子小于1，则是不稳定的。

同样分析，对 $m=2$ 模式，根据式(5.46)，出现不稳定性的必要条件为

$$B_0^2 < B_{0z}^{(e)2} \tag{5.49}$$

对 $m \geqslant 3$ 模式，不会产生不稳定性。当然，这个结论是考虑到了面电流分布而言的，实际上，若电流分布是体分布，$m \geqslant 3$ 模式也可以是不稳定的。

5.4 束不稳定性

5.4.1 色散关系

当等离子体中有束流时，或者更广义一些，等离子体中不同成分存在着相对的宏观整体流体速度时，可以激发出一种静电不稳定性，不稳定性通过消耗束的定向能量而发展，这种不稳定性称为束不稳定性，或者称束等离子体不稳定性。

再次应用推导漂移波时给出的流体扰动量的简正模方程式(4.155)，令外磁场

为零,也不考虑密度梯度,只考虑存在流体速度,则式(4.155)简化为

$$\begin{cases}\omega_\alpha^* \boldsymbol{u}_\alpha = v_{t\alpha}^2 \dfrac{n_\alpha}{n_{\alpha 0}}\boldsymbol{k} + \mathrm{i}\dfrac{q_\alpha}{m_\alpha}\boldsymbol{E} \\ \omega_\alpha^* n_\alpha = n_{\alpha 0}\boldsymbol{k}\cdot\boldsymbol{u}_\alpha\end{cases} \tag{5.50}$$

其中,$\omega_\alpha^* \widehat{=} \omega - \boldsymbol{k}\cdot\boldsymbol{u}_{\alpha 0}$,$v_{t\alpha} \widehat{=} (T_\alpha/m_\alpha)^{1/2}$为粒子热速度。对静电扰动,$\boldsymbol{E} = -\mathrm{i}\varphi\boldsymbol{k}$,扰动密度和电势的关系为

$$n_\alpha = \frac{\dfrac{k^2 q_\alpha n_{\alpha 0}}{m_\alpha}}{\omega_\alpha^{*2} - k^2 v_{t\alpha}^2}\varphi \tag{5.51}$$

应用泊松方程,可以直接获得色散关系:

$$1 - \sum_\alpha \frac{\omega_{p\alpha}^2}{(\omega - \boldsymbol{k}\cdot\boldsymbol{u}_{\alpha 0})^2 - k^2 v_{t\alpha}^2} = 0 \tag{5.52}$$

这实际上是在无外磁场、均匀等离子体中,同时存在定向流速和热压力时,静电波的色散方程,其无定向流速的特殊情况在前面的章节中已经讨论过了。这里主要考虑引入束定向速度后所产生的新效应。

5.4.2 电子束-等离子体不稳定性

一种简单而常见的情况是,在背景等离子体中注入一速度为 u_0 的电子束。设电子束密度 $n_{B0} = \alpha n_{e0}$,背景等离子体密度为 n_{e0},电子束及背景等离子体的温度均为零。这时我们可以将电子束视为一种新的成分。忽略离子的响应,此时的色散关系为

$$\frac{\omega_{pe}^2}{\omega^2} + \frac{\alpha\omega_{pe}^2}{(\omega - k u_0)^2} = 1 \tag{5.53}$$

方程有4个解,对应着 ω 的实根或共轭复根。若令式(5.53)左边为函数 $f(\omega)$,其解的情况如图5.5所示。此函数在 $0<\omega<ku_0$ 区域有一极小值 $f_{\min}$,若 $f_{\min}<1$,则方程有4个实根,所对应的模式均为稳定的静电振荡;若 $f_{\min}>1$,则只有2个实根,另2个是共轭的复根,共轭的复根中虚部为正的一支对应着增长的静电不稳定性;若 $f_{\min}=1$,则解处于临界状态,4个根均为实数,但其中2个为相等的重根。

因此,我们可以得到这种束等离子体系统静电不稳定性的条件:

$$f_{\min} = \frac{\omega_{pe}^2}{(ku_0)^2}(1 + \alpha^{1/3})^3 > 1 \tag{5.54}$$

或

$$ku_0 < \omega_{pe}(1+\alpha^{1/3})^{3/2} = \omega_{pe}\left[1+\left(\frac{n_{B0}}{n_{e0}}\right)^{1/3}\right]^{3/2} \tag{5.55}$$

不稳定性对扰动波长有一个下限，或者说，长波扰动有利于不稳定性的发展。

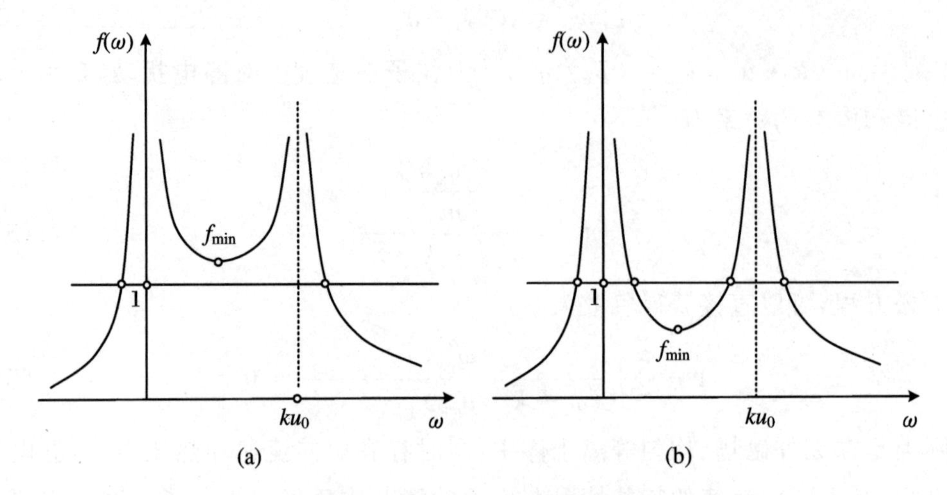

图 5.5　$f(\omega)=1$ 解示意图

（图(a)对应有 2 实数解，图(b)对应有 4 个实数解）

若入射电子束密度很小，$\alpha \ll 1$，则方程(5.53)可以改写成

$$(\omega - ku_0)^2\left(1-\frac{\omega_{pe}^2}{\omega^2}\right) \approx 0 \tag{5.56}$$

故存在两个波模

$$\begin{cases}\omega^2 = \omega_{pe}^2 \\ \omega = ku_0\end{cases} \tag{5.57}$$

前者为大家熟知的朗缪尔振荡，后者称为束振荡，又称弹道模(Ballistic Mode)，与漂移波类似。

严格来说，束振荡分支会出现较弱的不稳定性，若令 $\omega = ku_0 + \mathrm{i}\gamma$，代入色散方程(5.53)，可得近似解：

$$\gamma = \pm\frac{\alpha^{1/2}\omega_{pe}}{\left(\dfrac{\omega_{pe}^2}{k^2u_0^2}-1\right)^{1/2}} \approx \pm\,\alpha^{1/2}ku_0 \tag{5.58}$$

最后的近似是在 $ku_0 \ll \omega_{pe}$ 条件下得到的，这种条件通常可以满足。上式也自洽地表明了弱束引起的不稳定性增长率很小。

5.4.3 二电子川流不稳定性

考虑两相向而动的电子束,在均匀的正离子背景中运动。这时的色散关系变成

$$\frac{\omega_{\mathrm{Be}}^2}{(\omega - ku_0)^2} + \frac{\omega_{\mathrm{Be}}^2}{(\omega + ku_0)^2} = 1 \tag{5.59}$$

其中,ω_{Be}是每束电子的等离子体频率。其解为

$$\omega^2 = (k^2u_0^2 - \omega_{\mathrm{Be}}^2) \pm \omega_{\mathrm{Be}}(\omega_{\mathrm{Be}}^2 + 4k^2u_0^2)^{1/2} \tag{5.60}$$

所以,不稳定性条件为

$$k^2u_0^2 < 2\omega_{\mathrm{Be}}^2 \tag{5.61}$$

容易证明,当$k^2u_0^2 = (3/4)\omega_{\mathrm{Be}}^2$时,二电子川流不稳定性具有最大的增长率:

$$\gamma_{\max} = \frac{\omega_{\mathrm{Be}}}{2} \tag{5.62}$$

思 考 题

5.1 电磁辐射和粒子的相互作用可以理解成粒子吸收和发射(光子)的过程,当发射和吸收过程平衡时,是否就意味着辐射和粒子之间达到了热平衡?

5.2 图5.2中,等离子体中电流未标出,但必须有电流产生的洛伦兹力平衡压力梯度和重力,电流的方向和空间分布如何?

5.3 从式(5.10)可知,$k_x^2(u_{\mathrm{i}0x} - u_{\mathrm{e}0x})^2 \approx (k_x u_{\mathrm{i}0x})^2$是起稳定作用的项,也就是说,对波长小的扰动,不会产生瑞利-泰勒不稳定性。结合习题5.3,解释其物理原因。

5.4 若柱坐标系中空间的扰动形式为$e^{\mathrm{i}(k_z z - m\theta)}$,考虑$m=0$及各整数时扰动的几何图像。

5.5 如图5.3所示的扰动模式是否满足扰动螺距与磁力线的螺距一致的条件?

练 习 题

5.1 用重力势场中处于某曲面上的小球这一系统为例，绘出此系统在线性稳定非线性也稳定、线性稳定非线性不稳定、线性不稳定非线性稳定、线性不稳定非线性也不稳定这几种情况下的曲面形状。

5.2 在重力场中，水面表面波色散关系为

$$\omega^2 = \frac{kg(\rho_1 - \rho_2)}{(\rho_1 + \rho_2)}$$

其中，ρ_1，ρ_2 为水和空气的密度；g 为重力加速度。那么，由空气支撑的水表面的重力不稳定性增长率为何？

5.3 根据图 5.2 所示的瑞利-泰勒不稳定性机制，按照下列思路导出不稳定性的增长率式(5.14)：

(1) 设扰动的空间形式为方波，方波的高度为 Δy，由于离子漂移会导致在方波阶跃处出现随时间增长的电荷积累；

(2) 电荷积累导致电场，设等离子体介电常数为

$$\varepsilon = 1 + \frac{m_i n_i}{\varepsilon_0 B^2} \approx \frac{m_i n_i}{\varepsilon_0 B^2}$$

(3) 电场产生漂移速度，使方波的高度为 Δy 变化，列出 Δy 的微分方程；

(4) 求解 Δy 的指数增长率。

5.4 试分析电子相对于离子有速度 u_0 时不稳定性条件及增长率，此种情况下不稳定性称为布内曼(Buneman)不稳定性。

5.5 对束流很强的离子束，自身电场会使得束流在传输的过程中发散，一个解决的方法是在束流中保留适当密度的中性气体，中性气体在离子束作用下电离，电离产生的慢离子将被排斥出离子束，而电子则保留在束内起到“电中和”的作用。试求经过完全电中和的强流离子束系统的静电不稳定性条件(设离子束速度为 u_0，密度为 n_0)。

5.6 证明：当

$$ku_0 = \left(\frac{3}{4}\right)^{1/2} \omega_{Be}$$

时，二电子川流不稳定性的增长率最大。

第6章　几个重要的等离子体概念

6.1　库仑碰撞与特征碰撞频率

我们知道,气体、液体达到热力学平衡态的主要途径是碰撞过程。粒子间的碰撞决定了系统的弛豫过程(由速度空间的非热力学平衡态向热力学平衡态过渡)和输运过程(非均匀的局域热平衡向热平衡趋近)。

常规气体、液体中的中性粒子(原子或分子)之间弹性碰撞图像比较简单,很大程度上可以用刚性球碰撞来模拟,即粒子间的相互作用仅仅存在于相互接触的瞬间。在等离子体中,带电粒子间的相互作用是库仑力,由之而形成的库仑碰撞与中性粒子间的碰撞有两点重要的差别:其一,库仑碰撞是渐近式的,没有明确的相互作用起点和终点;其二,实际上的库仑碰撞是多体相互作用同时发生,每个粒子都同时与周围很多粒子发生碰撞作用。

应该指出,与气体情况不同,在等离子体中,由于存在各种波动、不稳定性现象,系统的弛豫过程与输运过程并不仅仅由碰撞过程决定。在高温等离子体中,非碰撞效应引起的所谓反常输运(anomalous transport)完全处于支配地位。

等离子体粒子之间的库仑相互作用可以分成两部分,超过德拜长度以外的远距离作用可以用自洽场来取代,即对于某个具体粒子来说,以它为中心的德拜球之外的所有粒子对它的库仑作用表现出一个平均而且是时空匀滑的电场,这就是等离子体的自洽场,自洽场对这个具体粒子的作用情况同外加场一样。在德拜长度以内的库仑相互作用,才表现为较为激烈的碰撞形式。由于在德拜球内,存在着大量的粒子,即

$$N_D \hat{=} n\left(\frac{4\pi}{3}\lambda_D^3\right) \gg 1 \tag{6.1}$$

因而等离子体的碰撞本质上是多体的碰撞。然而，满足上面条件的等离子体实际上是比较稀疏的，如果用两个电子的朗道长度，即两个相对能量为 E_c 的电子所能接近的最近距离

$$\rho_L \hat{=} \frac{e^2}{4\pi\varepsilon_0 E_c} \tag{6.2}$$

表示库仑相互作用的特征长度，那么可以容易证明，式(6.1)同时表明了这一特征长度远小于粒子间的平均间距①。由于常规等离子体这种稀疏特性，当我们考察两个粒子的碰撞过程时，能够直接影响碰撞结果的第三者在统计意义上几乎不会出现。这样实质上的多体碰撞问题可以用一系列的不同碰撞参数的两体碰撞的叠加，我们可以以两体碰撞过程为基础来考察等离子体中实际的粒子碰撞过程。

6.1.1 两体的库仑碰撞

两带电粒子间的库仑碰撞可以用卢瑟福(Rutherford)散射模型来考虑，碰撞几何如图 6.1 所示。粒子在质心系的散射偏转角 θ_c 与瞄准距离(也称为碰撞参数) ρ 之间的关系为

$$\cot\left(\frac{\theta_c}{2}\right) = \frac{8\pi\varepsilon_0 E_c}{q_1 q_2}\rho \tag{6.3}$$

其中，E_c 为质心系两粒子的动能，q_1, q_2 为两粒子的电荷。

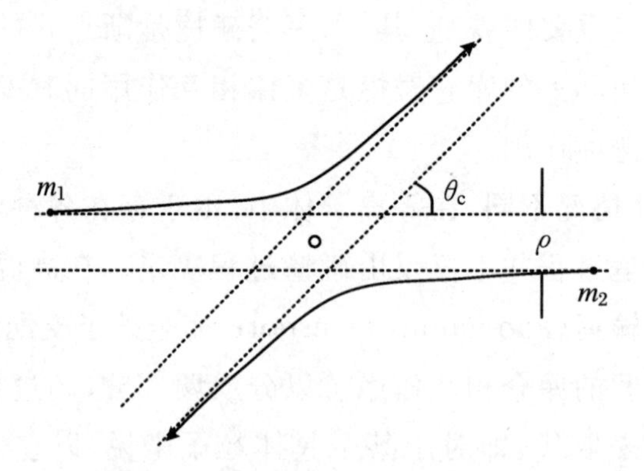

图 6.1 质心系中库仑碰撞几何

① 设粒子之间的平均相对运动能量为 T。

根据散射的偏转角的大小，我们可以将碰撞分成两类，有明显偏转的散射（$\theta_c \geqslant \pi/2$）称为近碰撞，也称大角度散射；反之，偏转角 $\theta_c < \pi/2$ 的散射称为远碰撞，也称为小角度散射。近碰撞对应的最大瞄准距离为

$$\rho_{\min} = \frac{q_1 q_2}{8\pi\varepsilon_0 E_c} = \frac{\rho_L}{2} \tag{6.4}$$

瞄准距离在 $\rho_{\min}$ 之内的碰撞都是近碰撞，因而可以认为库仑近碰撞的截面为

$$\sigma_N = \pi\rho_{\min}^2 = \frac{1}{64\pi}\left(\frac{q_1 q_2}{\varepsilon_0 E_c}\right)^2 \tag{6.5}$$

远碰撞最大的瞄准距离可以设成德拜长度，相应的截面约为

$$\pi(\rho_{\max}^2 - \rho_{\min}^2) \approx \pi\lambda_D^2 \tag{6.6}$$

这一截面的数值很大，但从碰撞的效果来看，小角度散射与大角度散射所产生的偏转相差很多。即使都是小角度散射，不同的瞄准距离，其碰撞偏转效果也不同。因而应该按照碰撞的效果将远碰撞过程进行折合，多次的小角度散射可以累积成一次大的偏转。如果以平均经历 N 次小角度散射后偏转角积累成 $\pi/2$，则认为完成了一次等效碰撞，这样库仑远碰撞的碰撞截面可以写成

$$\sigma_F = \frac{\pi\rho_{\max}^2}{N} \tag{6.7}$$

由于远碰撞绝大多数都是偏转角很小的过程，同时偏转的方向可正可负，这种偏转角积累的过程可以用一维随机行走模型来描述，其步长为

$$\begin{aligned}\bar{\theta}_c &= \left(\frac{1}{\pi\rho_{\max}^2}\int_{\rho_{\min}}^{\rho_{\max}} \theta_c^2 \cdot 2\pi\rho\,d\rho\right)^{1/2} \approx \left[\frac{1}{\pi\rho_{\max}^2}\int_{\rho_{\min}}^{\rho_{\max}}\left(\frac{q_1 q_2}{4\pi\varepsilon_0 E_c}\right)^2 \frac{2\pi}{\rho}d\rho\right]^{1/2} \\ &= \frac{\sqrt{2}q_1 q_2}{4\pi\varepsilon_0 E_c \rho_{\max}}\left(\ln\frac{\rho_{\max}}{\rho_{\min}}\right)^{1/2}\end{aligned} \tag{6.8}$$

根据一维的随机行走模型，积累的次数应为[①]

$$N = \left(\frac{\frac{\pi}{2}}{\bar{\theta}_c}\right)^2 \tag{6.9}$$

于是远碰撞的等效截面为

$$\sigma_F = \frac{8}{\pi}\left(\frac{q_1 q_2}{4\pi\varepsilon_0 E_c}\right)^2 \ln\frac{\rho_{\max}}{\rho_{\min}} = \left(\frac{32}{\pi^2}\ln\frac{\rho_{\max}}{\rho_{\min}}\right)\sigma_N \tag{6.10}$$

一般来说，远碰撞的等效截面远大于近碰撞截面，约相差两个量级，因而等离子

---

① 一维随机行走过程，若步长为 Δx，则经过 N 步后，平均行进的距离为 $\sqrt{N}\Delta x$。

体中所发生的碰撞主要是粒子小角度散射所形成的远碰撞，也就是说，带电粒子之间相互接近至朗道长度距离的机会是很少的。

6.1.2 库仑碰撞频率

我们知道，对两体参与的任何过程，其反应截面和反应概率之间的关系为

$$\nu = n\langle \sigma v \rangle \tag{6.11}$$

其中，n 为参与反应的背景粒子密度；v 为反应粒子之间的相对速度。对于碰撞过程，反应概率就是碰撞频率。由于库仑碰撞截面与粒子间相对速度有关，涉及参与碰撞的两个粒子的速度，等离子体中的碰撞截面应该对两者的速度分布进行关联平均，精确的计算比较繁复，在这里我们只进行简单的估算。直接将热速度作为平均速度代入，就可以得到不同粒子之间的碰撞频率。电子与电子之间的碰撞频率为

$$\nu_{ee} = \frac{8}{\pi}\left(\frac{e^2}{4\pi\varepsilon_0}\right)^2\left(\frac{n}{m_e^{1/2}T_e^{3/2}}\right)\ln \Lambda \tag{6.12}$$

离子与离子之间的碰撞频率为

$$\nu_{ii} = \frac{8}{\pi}\left(\frac{e^2}{4\pi\varepsilon_0}\right)^2\left(\frac{n}{m_i^{1/2}T_i^{3/2}}\right)\ln \Lambda \tag{6.13}$$

由于相对速度主要取决于电子，故电子与离子之间的碰撞频率同电子与电子之间的碰撞频率相当，即 $\nu_{ei} \approx \nu_{ee}$。

由于推算过程的近似，这里所得出的碰撞频率与严格按分布函数计算出的结果有一个量级为 1 的系数差别。事实上，由于库仑碰撞的计算过程中尚有一些基础性问题没有完全解决，因而对碰撞频率的实际应用时并不在意其精确值，但所给出的定性关系是十分重要的。

首先，碰撞频率与温度的 3/2 次幂成反比，这是库仑碰撞的最重要特点之一，这与中性粒子之间的碰撞对温度的依赖关系完全不同。温度越高，库仑碰撞的频率越小，以至在磁约束聚变等离子体中通常可以认为是无碰撞的。

其次，我们应该注意到，到目前为止，我们所说的碰撞频率实际上应称为动量碰撞频率，因为我们所考察的碰撞效果是碰撞后粒子产生了大角度的偏转，碰撞前后的两个粒子的动量均有明显的改变，即产生了明显的动量转移。由上面结果可知，几个动量碰撞频率的大小关系为

$$\nu_{ii} \approx \left(\frac{m_e}{m_i}\right)^{1/2} \nu_{ee} \ll \nu_{ee} \sim \nu_{ei} \tag{6.14}$$

但是，如果我们考察能量的转移情况，则与动量过程有所区别。很容易证明，同

类粒子之间若产生一次大角度散射，则粒子间的能量也进行了充分的交换，因而动量碰撞频率就是能量碰撞频率。但质量差别很大的电子和离子之间，能量交换就比较困难，一次动量碰撞所能交换的能量份额约为 m_e/m_i。因此，电子与离子的能量碰撞频率比其动量碰撞频率要小 m_e/m_i 因子。这样，我们可以比较几种能量碰撞频率的大小，即

$$\nu_{ei}^{E} \approx \left(\frac{m_e}{m_i}\right)\nu_{ee} \ll \nu_{ii}^{E} \approx \left(\frac{m_e}{m_i}\right)^{1/2}\nu_{ee} \ll \nu_{ee}^{E} \approx \nu_{ee} \tag{6.15}$$

最后，我们来考察一下式(6.12)中的对数，这是计算库仑碰撞截面中所出现的，称为库仑对数，它是小角度散射时，瞄准距离上下截断值之比的对数：

$$\ln \Lambda \mathrel{\widehat{=}} \ln\frac{\rho_{\max}}{\rho_{\min}} \approx \ln\frac{\lambda_D}{\rho_L} = \ln(4\pi n\lambda_D^3) = \ln(3N_D) \tag{6.16}$$

由于这是一个对数值，所以在相当大的等离子体参数范围内，库仑对数变化不大，其数值范围通常可以取为

$$\ln \Lambda = 10 \sim 20$$

由于电子与离子的碰撞，在外电场中表现为电阻率，称为斯比泽(Spitzer)电阻率，电阻率与碰撞频率的关系为

$$\eta = \frac{m_e\nu_{ei}}{n_e e^2} = \frac{\nu_{ei}}{\varepsilon_0\omega_{pe}^2} \tag{6.17}$$

6.2　等离子体中的扩散与双极扩散

6.2.1　无磁场时扩散参量

若等离子体任一成分存在着密度梯度，则通过碰撞，该成分粒子会发生由高密度向低密度的扩散运动。如果同时存在电场，带电粒子在电场的作用下，还会产生迁移运动。扩散和迁移运动是流体的整体行为，我们可以通过流体动量方程来考察：

$$m_\alpha n_\alpha\frac{\mathrm{d}\boldsymbol{u}_\alpha}{\mathrm{d}t} = -\nabla p_\alpha + n_\alpha q_\alpha\boldsymbol{E} - m_\alpha n_\alpha\nu_\alpha\boldsymbol{u}_\alpha \tag{6.18}$$

注意到，这里将碰撞效应写成了 $-m_\alpha n_\alpha \nu_\alpha \boldsymbol{u}_\alpha$ 的形式，其意义是单位时间内、单位体积中该成分流体动量的改变量，即一次碰撞就使该流体元的流体速度消失，碰撞频率的大小就是粒子的动量碰撞频率。由于动量守恒，同类粒子之间的碰撞不改变该流体成分的动量，所以这里的频率是异类粒子之间的碰撞频率。若为极弱电离的等离子体，带电粒子与中性粒子碰撞占主要作用，则 $\nu_\alpha = \nu_{\alpha 0}$；若是较高电离度的等离子体，则 $\nu_\alpha = \nu_{\mathrm{ei}}$。

考虑稳定状态，$\partial/\partial t = 0$，且速度空间梯度不大，$(\boldsymbol{u}_\alpha \cdot \nabla)\boldsymbol{u}_\alpha \approx 0$，则有

$$\boldsymbol{u}_\alpha = \frac{q_\alpha}{m_\alpha \nu_\alpha}\boldsymbol{E} - \frac{T_\alpha}{m_\alpha n_\alpha \nu_\alpha}\nabla n_\alpha \mathrel{\widehat{=}} \mu_\alpha \boldsymbol{E} - D_\alpha \frac{\nabla n_\alpha}{n_\alpha} \tag{6.19}$$

这里假设了扩散过程中温度不变。μ_α，D_α 分别称为迁移率和扩散系数，它们之间满足所谓的爱因斯坦(Einstein)关系：

$$\mu_\alpha = \left(\frac{q_\alpha}{T_\alpha}\right) D_\alpha \tag{6.20}$$

于是，由迁移和扩散引起的粒子通量流为

$$\boldsymbol{\Gamma}_\alpha = \frac{q_\alpha n_\alpha}{m_\alpha \nu_\alpha}\boldsymbol{E} - \frac{T_\alpha}{m_\alpha \nu_\alpha}\nabla n_\alpha \mathrel{\widehat{=}} \mu_\alpha n_\alpha \boldsymbol{E} - D_\alpha \nabla n_\alpha \tag{6.21}$$

6.2.2 双极扩散

若电子与离子的扩散粒子流不相等，则在等离子体中会积累电荷，电荷所产生的电场将会调整粒子流，使等离子体中仍然保持电中性。等离子体中这种通过自生电场自洽调节的扩散过程，称为双极扩散。由于扩散流的差异在等离子体内部所产生的电场称为双极电场。

根据连续性方程，我们有

$$\frac{\partial}{\partial t}(n_{\mathrm{i}} - n_{\mathrm{e}}) + \nabla \cdot (\boldsymbol{\Gamma}_{\mathrm{i}} - \boldsymbol{\Gamma}_{\mathrm{e}}) = 0 \tag{6.22}$$

考察无电荷积累的稳定情况，可以得到等离子体中双极扩散条件：

$$\nabla \cdot (\Gamma_{\mathrm{i}} - \Gamma_{\mathrm{e}}) = 0 \tag{6.23}$$

在非磁化等离子体情况下，双极扩散过程大多可以用一维模型，这样，双极扩散条件简化为[①]

① 在一维情况下，电子和离子流可以相差一个空间不变的常数，但如果从整体考虑，扩散是由等离子体内部向外部，且没有其他的驱动源，则此常数必须为零。

$$\boldsymbol{\Gamma}_i = \boldsymbol{\Gamma}_e = \boldsymbol{\Gamma} \tag{6.24}$$

代入通量流的表达式,可以得到双极电场:

$$\boldsymbol{E} = \frac{D_i \nabla n_i - D_e \nabla n_e}{n_i \mu_i - n_e \mu_e} = \frac{D_i - D_e}{\mu_i - \mu_e} \cdot \frac{\nabla n}{n} \tag{6.25}$$

上面推导中应用了准中性条件。于是,经过自身电场修正的电子或离子的通量流为

$$\boldsymbol{\Gamma} = \mu_i \frac{D_i - D_e}{\mu_i - \mu_e} \nabla n - D_i \nabla n = \frac{\mu_e D_i - \mu_i D_e}{\mu_i - \mu_e} \nabla n \hat{=} - D_a \nabla n \tag{6.26}$$

其中,

$$D_a \hat{=} \frac{\mu_i D_e - \mu_e D_i}{\mu_i - \mu_e} \tag{6.27}$$

称为双极扩散系数。

由于质量小,电子的迁移率远大于离子迁移率,双极扩散系数为

$$D_a = D_i - \frac{\mu_i}{\mu_e} D_e = D_i + \frac{m_e}{m_i} D_e = D_i \left(1 + \frac{T_e}{T_i}\right) \tag{6.28}$$

所以,双极扩散系数介于两种粒子扩散系数之间,其物理原因是两种成分不能分离,因而扩散快的成分将对扩散慢的成分产生拖拽力,使之扩散加快。对具有相同温度的电子和离子系统,双极扩散系数是离子扩散系数的两倍。

6.2.3　有磁场时的扩散系数

在有磁场的情况下,等离子体扩散过程是各向异性的。粒子沿磁场方向的扩散同无磁场时是相同的。在垂直于磁场方向上,粒子的主体运动是回旋运动,由于碰撞使回旋运动中断,重新开始的回旋运动将具有新的回旋中心,因而粒子得以在垂直方向上进行扩散,如图 6.2 所示。

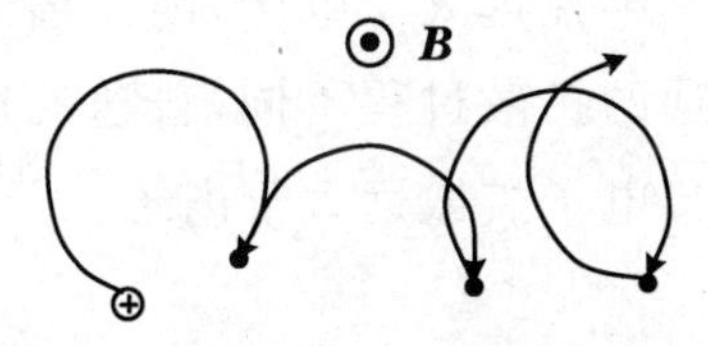

图 6.2　碰撞引起横越磁场的扩散

在垂直于磁场方向,流体运动方程的稳态形式为

$$- T_\alpha \nabla_\perp n_\alpha + n_\alpha q_\alpha (\boldsymbol{E}_\perp + \boldsymbol{u}_{\alpha\perp} \times \boldsymbol{B}) - m_\alpha n_\alpha \nu_{\alpha\perp} \boldsymbol{u}_{\alpha\perp} = 0 \tag{6.29}$$

解出速度

$$\boldsymbol{u}_{\alpha\perp}=\begin{pmatrix}\dfrac{\nu_{\alpha\perp}^2}{\omega_{c\alpha}^2+\nu_{\alpha\perp}^2} & \dfrac{\omega_{c\alpha}^2}{\omega_{c\alpha}^2+\nu_{\alpha\perp}^2}\\ -\dfrac{\omega_{c\alpha}^2}{\omega_{c\alpha}^2+\nu_{\alpha\perp}^2} & \dfrac{\nu_{\alpha\perp}^2}{\omega_{c\alpha}^2+\nu_{\alpha\perp}^2}\end{pmatrix}\left(\mu_{\alpha\perp0}\boldsymbol{E}_\perp-D_{\alpha\perp0}\frac{\nabla_\perp n_\alpha}{n_\alpha}\right)\tag{6.30}$$

其中，

$$\mu_{\alpha\perp0}\mathrel{\widehat{=}}\frac{q_\alpha}{m_\alpha\nu_{\alpha\perp}},\quad D_{\alpha\perp0}\mathrel{\widehat{=}}\frac{T_\alpha}{m_\alpha n_\alpha\nu_{\alpha\perp}}\tag{6.31}$$

方程(6.30)中，张量中的对角项与后面矢量相乘给出垂直方向的迁移速度和扩散速度，而非对角项(另一对角项)给出了修正的电漂移和逆磁漂移速度

$$\boldsymbol{u}_{\alpha\perp}=\mu_{\alpha\perp}\boldsymbol{E}_\perp-D_{\alpha\perp}\frac{\nabla_\perp n_\alpha}{n_\alpha}+\frac{\omega_{c\alpha}^2}{\omega_{c\alpha}^2+\nu_{\alpha\perp}^2}(\boldsymbol{v}_{\mathrm{DE}}+\boldsymbol{v}_{\mathrm{DP}})\tag{6.32}$$

其中，

$$\mu_{\alpha\perp}\mathrel{\widehat{=}}\frac{\mu_{\alpha\perp0}}{1+\dfrac{\omega_{c\alpha}^2}{\nu_{\alpha\perp}^2}},\quad D_{\alpha\perp}\mathrel{\widehat{=}}\frac{D_{\alpha\perp0}}{1+\dfrac{\omega_{c\alpha}^2}{\nu_{\alpha\perp}^2}}\tag{6.33}$$

在考虑碰撞的情况下，流体一般存在着两种垂直于磁场方向的运动。其一为通常的漂移运动，方向垂直于驱动电场或密度梯度，漂移运动由于碰撞而有所减慢；其二为平行于驱动电场或密度梯度的迁移和扩散运动，是无磁场时的 $1/(1+\omega_{c\alpha}^2/\nu_{\alpha\perp}^2)$。

如同我们所预料的，当碰撞频率远大于回旋频率时，磁场的一切效应都可以忽略。反之，磁场使得流体的运动变得比较丰富。在强磁场近似下，扩散系数可以近似为

$$D_{\alpha\perp}\approx\frac{T_\alpha}{m_\alpha\nu_{\alpha\perp}}\cdot\frac{\nu_{\alpha\perp}^2}{\omega_{c\alpha}^2}=\frac{T_\alpha\nu_{\alpha\perp}}{m_\alpha\omega_{c\alpha}^2}=\nu_{\alpha\perp}r_{\mathrm{L}}^2\tag{6.34}$$

扩散系数这种形式，表明了垂直于磁场的扩散过程可视为步长为拉莫半径的随机游走过程。由于离子的拉莫半径远大于电子，因而离子垂直于磁场方向的扩散系数远大于电子。这一点与普通的扩散过程不同，普通的扩散过程的步长是粒子的平均自由程，由于电子的速度快，电子扩散远大于离子。

6.2.4 有磁场时的双极扩散

等离子体的扩散过程总是双极的，电子和离子的流动必须满足准中性条件。在有磁场的情况下，双极扩散变得复杂起来，与实际的情况相关。双极扩散的条件仍为式(6.23)，但由于磁场的垂直方向与水平方向必须耦合起来一起考虑，因而一般

并无简洁的答案。

一般而言，在垂直方向上由于电子流和离子流的不平衡，离子流大于电子流，会产生空间电荷积累，这可以通过平行方向的粒子流，主要是电子流进行中和。具体的图像如图 6.3 所示。

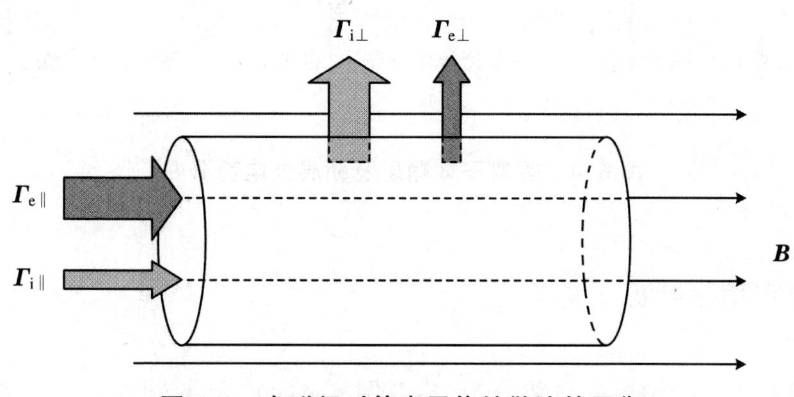

图 6.3 有磁场时等离子体扩散流的平衡

6.3 等离子体鞘层

6.3.1 鞘层的概念及必然性

等离子体中明显呈电荷非中性的区域，称为等离子体鞘层。鞘层的内部存在较强的电场，其线度在德拜长度量级。在等离子体与固体各种接触面上通常存在着鞘层，在等离子体内部密度或温度剧烈变化的地方，也可以存在鞘层。

对于悬浮在等离子体中的金属电极（器壁）或绝缘体，由于电子运动速度一般大于离子速度，电子流较大，电子将在器壁积累形成电场，这个电场使得进入鞘层的电子流减小而离子流增大，最终两者相等。因而，简单情况下的等离子体相对与绝缘的器壁的电势要高约几倍的 T_e/e 值，如图 6.4(a)所示。在电极有电流的情况下，电极相对等离子体的电位可正可负。一般来说，当流向电极的电子流较大时，电极相对等离子体电势为正值，如图 6.4(b)所示；当流向电极的离子流较大时，电极相对等离子体电势为负值，如图 6.4(c)所示。

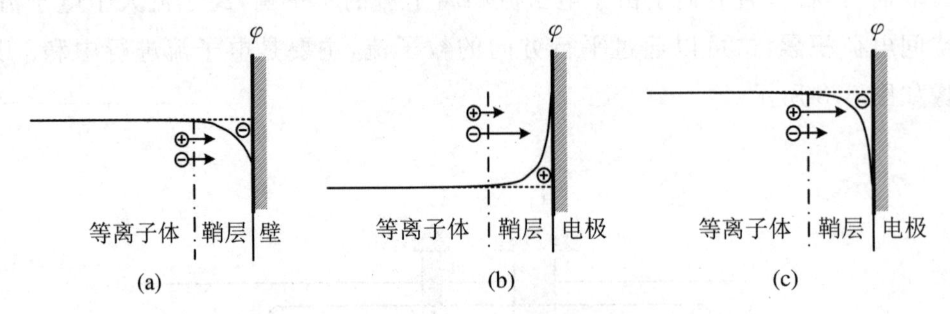

图 6.4　等离子体鞘层及鞘层处电势分布

6.3.2　稳定鞘层判据

让我们考察一维鞘层的电势分布，参考图 6.4(c)，令 x 轴方向由等离子体指向器壁。设离子的温度为零，但离子在进入鞘层之前具有一个定向速度 u_0，则由能量守恒关系，鞘层中离子的速度为

$$u(x) = \left[u_0^2 - \frac{2e\varphi(x)}{m_\mathrm{i}}\right]^{1/2} \tag{6.35}$$

密度的空间分布直接由离子的连续性方程给出

$$n_\mathrm{i}(x) = n_0\frac{u_0}{u_\mathrm{i}(x)} = n_0\left[1 - \frac{2e\varphi(x)}{m_\mathrm{i}u_0^2}\right]^{-1/2} \tag{6.36}$$

这里 n_0 是鞘层外等离子体的密度。电子满足玻尔兹曼分布：

$$n_\mathrm{e}(x) = n_0\exp\left(\frac{e\varphi}{T_\mathrm{e}}\right) \tag{6.37}$$

应用泊松方程，我们就可以得到鞘层中电势所满足的方程：

$$\frac{\mathrm{d}^2\varphi}{\mathrm{d}x^2} = \frac{e}{\varepsilon_0}(n_\mathrm{e} - n_\mathrm{i}) = \frac{n_0 e}{\varepsilon_0}\left[\exp\left(\frac{e\varphi}{T_\mathrm{e}}\right) - \left(1 - \frac{2e\varphi}{m_\mathrm{i}u_0^2}\right)^{-1/2}\right] \tag{6.38}$$

由于方程不显含 x，将两边同乘 $\mathrm{d}\varphi/\mathrm{d}x$ 后进行积分，有

$$\left(\frac{\mathrm{d}\varphi}{\mathrm{d}x}\right)^2 = \frac{2n_0T_\mathrm{e}}{\varepsilon_0}\left[\exp\left(\frac{e\varphi}{T_\mathrm{e}}\right) - 1\right] + \frac{2n_0m_\mathrm{i}u_0^2}{\varepsilon_0}\left[\left(1 - \frac{2e\varphi}{m_\mathrm{i}u_0^2}\right)^{1/2} - 1\right] \tag{6.39}$$

这里已经应用了在 $x=0$ 的鞘层边界处电势、电场强度均为零的条件。

一般情况下，此方程难于再次积分，只能依赖于数值求解。但如果我们考察鞘层边界附近电势绝对值较小的区域，可以将右边进行展开，保留至平方项，有

$$\left(\frac{\mathrm{d}\varphi}{\mathrm{d}x}\right)^2 \approx \frac{n_0 T_e}{\varepsilon_0}\left(\frac{e\varphi}{T_e}\right)^2 - \frac{n_0 m_i u_0^2}{4\varepsilon_0}\left(\frac{2e\varphi}{m_i u_0^2}\right)^2$$

$$= \left(1 - \frac{C_s^2}{u_0^2}\right)\left(\frac{\varphi}{\lambda_D}\right)^2 \tag{6.40}$$

很明显,上方程有解的条件要求:

$$M \mathrel{\hat{=}} \frac{u_0}{C_s} > 1 \tag{6.41}$$

这里 M 是流体的定向速度与离子声速之比,称为马赫(March)数。这个条件是稳定鞘层存在的必要条件,称为玻姆(Bohm)鞘层判据。

稳定鞘层存在要求离子进入鞘层时速度大于离子声速。通常这种定向的速度不是由外界施加的,而是等离子体内部电场空间分布自洽调整的结果。也就是说,自鞘边界向等离子体内部延伸,有一个电场强度较弱的称之为预鞘的区域,在预鞘区,离子得到缓慢加速直至离子声速。实际上,鞘层和预鞘并没有严格的区别,通常将离子达到离子声速的位置确定为鞘层的边缘,同时认为在预鞘区,准中性条件仍然满足。

6.3.3　查尔德-朗缪尔定律

若电极(器壁)相对于等离子体的电势足够负,那么在电极附近,实际上已经不存在电子,电荷仅由离子来提供。这种情况下方程(6.38)简化成

$$\frac{\mathrm{d}^2\varphi}{\mathrm{d}x^2} \approx -\frac{n_0 e}{\varepsilon_0}\left(1 - \frac{2e\varphi}{m_i u_0^2}\right)^{-1/2} \approx -\frac{n_0 e}{\varepsilon_0}\left(-\frac{m_i u_0^2}{2e\varphi}\right)^{1/2} \tag{6.42}$$

同样将两边乘 $\mathrm{d}\varphi/\mathrm{d}x$ 后进行积分,忽略电势为零处的电场,则有

$$\frac{\mathrm{d}\varphi}{\mathrm{d}x} = -\left(-\frac{8em_i n_0^2 u_0^2}{\varepsilon_0^2}\varphi\right)^{1/4} \tag{6.43}$$

再次积分,选择坐标原点,使 $x=0$ 处电势为零[①],于是有

$$\varphi = -\left(\frac{81}{32}\cdot\frac{em_i n_0^2 u_0^2}{\varepsilon_0^2}x^4\right)^{1/3} \mathrel{\hat{=}} -\left(\frac{81}{32}\cdot\frac{m_i J^2}{e\varepsilon_0^2}x^4\right)^{1/3} \tag{6.44}$$

这里 $J \mathrel{\hat{=}} en_0 u_0$ 是流向电极的电流密度。上式可以写成一个常见的形式:

---

① 此时的坐标原点已经与前面的不同,实际上此方程仅在电势较大时是泊松方程的近似。

$$J = \left(\frac{32}{81} \cdot \frac{e\varepsilon_0^2}{m_i}\right)^{1/2} \frac{|V|^{3/2}}{d^2} \tag{6.45}$$

其中,V 为电极处电势,d 为电极位置。这就是查尔德-朗缪尔(Child-Langmuir)定律,在电子管年代,这是很著名的定律,它描述了平面真空二极管中由于空间电荷效应所限制的发射电流密度的规律[①]。在等离子体鞘层中,若只有单一种类粒子存在,其规律应该是一致的,但具体情况有所不同。在平面二极管中,电极间距 d 是确定的,电极间电压增大,电流则按电压 3/2 次幂正比增大。而在等离子体中,电流密度由等离子体内部参数决定,并不随电极的电势所变化,这时等离子体则是通过自洽地调节 d 来满足查尔德-朗缪尔定律,电势差越大,这一部分的鞘层就越厚。

6.4 朗道阻尼

6.4.1 弗拉索夫方程

描述等离子体系统的“精确”理论是动理学理论与适当的电磁理论相结合。动理学理论包含了粒子在相空间(速度与位形空间)运动在统计意义上的所有信息,目前我们所接触的流体理论实际上是动理学理论对粒子速度分布作某种平均后的结果。流体理论对粒子的速度分布的具体形式并不敏感,所以原则上不能处理与粒子速度分布密切相关的物理问题[②]。这一节我们结合等离子体中最基本的波－粒子相互作用现象朗道阻尼来简略地介绍动理学理论。

由统计物理课程可知,粒子体系每个粒子状态对应着相空间的一个点,系统中粒子的运动可以用这些代表点的运动来描述。相空间这些代表点的密度就是所谓的粒子分布函数$f(\boldsymbol{r},\boldsymbol{v},t)$,它满足下面的玻尔兹曼方程:

$$\frac{\partial f}{\partial t} + \boldsymbol{v} \cdot \frac{\partial f}{\partial \boldsymbol{r}} + \frac{\boldsymbol{F}}{m} \cdot \frac{\partial f}{\partial \boldsymbol{v}} = \left(\frac{\partial f}{\partial t}\right)_c \tag{6.46}$$

---

① 电子管中提供电流的是电子,应将 m_i 换成 m_e。

② 某些与速度分布相关的问题流体理论也可以处理,如上一章中的束不稳定性问题,将电子视为两种流体来处理其电子速度分布严重偏离麦克斯韦分布有束状态。

其中,$\boldsymbol{F}$ 为作用在粒子上的力,$(\partial f/\partial t)_c$ 是由于碰撞引起的分布函数变化。这就是动理学理论的基本运动方程。与流体的运流微商的概念一样,上式可以写为下面的形式:

$$\frac{\mathrm{d}f}{\mathrm{d}t} = \left(\frac{\partial f}{\partial t}\right)_c \tag{6.47}$$

即在随粒子运动的相空间中,若不考虑碰撞,其密度不变。

对于温度足够高的等离子体中,我们可以忽略碰撞,同时只考虑电磁力的作用,玻尔兹曼方程简化为弗拉索夫方程:

$$\frac{\partial f}{\partial t} + \boldsymbol{v} \cdot \frac{\partial f}{\partial \boldsymbol{r}} + \frac{q}{m}(\boldsymbol{E} + \boldsymbol{v} \times \boldsymbol{B}) \cdot \frac{\partial f}{\partial \boldsymbol{v}} = 0 \tag{6.48}$$

6.4.2　朗缪尔波和朗道阻尼

作为弗拉索夫方程应用的实例,我们用动理学理论方法重新推导朗缪尔波的色散关系。我们已经知道,朗缪尔波是静电模式,只需考虑电子成分,离子可视为不动的背景。这样,电子成分的弗拉索夫方程和泊松方程就构成了完备的方程组:

$$\begin{cases} \dfrac{\partial f}{\partial t} + \boldsymbol{v} \cdot \dfrac{\partial f}{\partial \boldsymbol{r}} + \dfrac{q}{m_e}\boldsymbol{E} \cdot \dfrac{\partial f}{\partial \boldsymbol{v}} = 0 \\ \nabla \cdot \boldsymbol{E} = -\dfrac{e}{\varepsilon_0}\iiint f \mathrm{d}^3 \boldsymbol{v} \end{cases} \tag{6.49}$$

应用准中性假设不考虑零阶电场,将此方程进行线性化:

$$\begin{cases} \dfrac{\partial f}{\partial t} + \boldsymbol{v} \cdot \dfrac{\partial f}{\partial \boldsymbol{r}} + \dfrac{q}{m_e}\boldsymbol{E} \cdot \dfrac{\partial f_0}{\partial \boldsymbol{v}} = 0 \\ \nabla \cdot \boldsymbol{E} = -\dfrac{e}{\varepsilon_0}\iiint f \mathrm{d}^3 \boldsymbol{v} \end{cases} \tag{6.50}$$

再进行傅里叶变换,选波矢方向为 X 轴方向,有

$$\begin{cases} f = \mathrm{i}\,\dfrac{eE_x}{m_e} \cdot \dfrac{\dfrac{\partial f_0}{\partial v_x}}{\omega - k_x v_x} \\ E_x = \mathrm{i}\,\dfrac{e}{\varepsilon_0 k_x}\iiint f \mathrm{d}^3 \boldsymbol{v} \end{cases} \tag{6.51}$$

于是,我们得到静电波的色散方程:

$$\frac{\omega_{\mathrm{pe}}^2}{k_x^2}\int_{-\infty}^{\infty}\frac{\dfrac{\partial \tilde{f}_0}{\partial v_x}}{v_x-\dfrac{\omega}{k_x}}\mathrm{d}v_x=1 \tag{6.52}$$

其中，

$$\tilde{f}_0 \mathrel{\widehat{=}} \frac{1}{n_{\mathrm{e}0}}\iint f_0\mathrm{d}v_y\mathrm{d}v_z \tag{6.53}$$

为一维的归一化的电子速度分布函数，$n_{\mathrm{e}0}$为电子密度。

色散方程式(6.52)中的积分在 $v_x=\omega/k_x$ 处有奇点，不能直接计算。正确处理这一带有奇点的积分导致出朗道阻尼这一无碰撞、非耗散性阻尼的重要现象。

弗拉索夫曾考虑用主值意义上的积分，即

$$\int_{-\infty}^{\infty}\frac{\dfrac{\partial \tilde{f}_0}{\partial v_x}}{v_x-\dfrac{\omega}{k_x}}\mathrm{d}v_x=\mathbb{P}\int_{-\infty}^{\infty}\frac{\dfrac{\partial \tilde{f}_0}{\partial v_x}}{v_x-\dfrac{\omega}{k_x}}\mathrm{d}v_x$$

$$\mathrel{\widehat{=}}\lim_{\varepsilon\to 0}\left[\left(\int_{-\infty}^{\omega/k_x-\varepsilon}+\int_{\omega/k_x+\varepsilon}^{\infty}\right)\frac{\dfrac{\partial \tilde{f}_0}{\partial v_x}}{v_x-\dfrac{\omega}{k_x}}\mathrm{d}v_x\right] \tag{6.54}$$

但并无充分证据说明其合理性。

朗道认为，对一个实际的扰动，其正确的处理方式是考虑在初始时刻给定扰动后系统的演化，应该采用与初始扰动有关的拉普拉斯(Laplace)变换，而非傅里叶变换。若应用拉普拉斯变换，可以发现，若将傅里叶变换给出的色散关系中的频率理解成复数，积分在复平面上进行，同时积分路径包含低于奇点处通过的沿实轴的曲线，则结果是一致的，如图 6.5 所示。这一积分路径称为朗道路径。

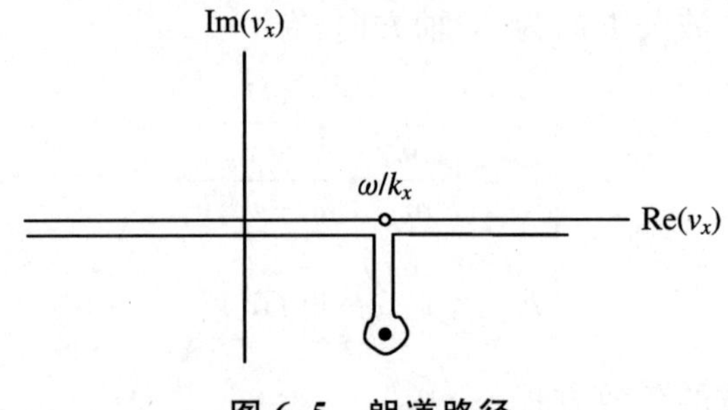

图 6.5　朗道路径

这样，若考虑弱阻尼的情况

$$|\mathrm{Re}(\omega)| \gg |\mathrm{Im}(\omega)| \tag{6.55}$$

则色散方程可以写成

$$1 = \frac{\omega_{\mathrm{pe}}^2}{k_x^2}\left[\mathbb{P}\int_{-\infty}^{\infty} \frac{\dfrac{\partial \tilde{f}_0}{\partial v_x}}{v_x - \dfrac{\omega}{k_x}} \mathrm{d}v_x + \mathrm{i}\pi \left.\frac{\partial \tilde{f}_0}{\partial v_x}\right|_{v_x=\omega/k_x}\right] \tag{6.56}$$

主值部分可以用分部积分：

$$\mathbb{P}\int_{-\infty}^{\infty} \frac{\dfrac{\partial \tilde{f}_0}{\partial v_x}}{v_x - \dfrac{\omega}{k_x}} \mathrm{d}v_x = \left.\frac{\dfrac{\partial \tilde{f}_0}{\partial v_x}}{v_x - \dfrac{\omega}{k_x}}\right|_{-\infty}^{\infty} + \int_{-\infty}^{\infty} \frac{\tilde{f}_0}{\left(v_x - \dfrac{\omega}{k_x}\right)^2} \mathrm{d}v_x$$

$$= \int_{-\infty}^{\infty} \frac{\tilde{f}_0}{\left(v_x - \dfrac{\omega}{k_x}\right)^2} \mathrm{d}v_x = \left\langle \left(v_x - \frac{\omega}{k_x}\right)^{-2} \right\rangle \tag{6.57}$$

若波的相速度足够大，上式积分内函数可以按 $k_x v_x/\omega$ 进行小量展开，保留到二次项，有

$$\left\langle \left(v_x - \frac{\omega}{k_x}\right)^{-2} \right\rangle \approx \frac{k_x^2}{\omega^2}\left(1 + \frac{3k_x^2 \langle v_x^2 \rangle}{\omega^2}\right) = \frac{k_x^2}{\omega^2}\left(1 + \frac{3k_x^2 T_{\mathrm{e}}}{\omega^2 m_{\mathrm{e}}}\right) \tag{6.58}$$

于是，色散关系的实部为

$$1 = \frac{\omega_{\mathrm{pe}}^2}{\omega^2}\left(1 + \frac{3k_x^2 T_{\mathrm{e}}}{\omega^2 m_{\mathrm{e}}}\right) \approx \frac{\omega_{\mathrm{pe}}^2}{\omega^2}\left(1 + \frac{3k_x^2 T_{\mathrm{e}}}{\omega_{\mathrm{pe}}^2 m_{\mathrm{e}}}\right) \tag{6.59}$$

与流体的结果一致。

对虚部，若认为修正量小，对实部贡献可忽略，同时系数中的频率用等离子体频率替代，结果可以得出：

$$\omega = \omega_{\mathrm{pe}}\left(1 + \frac{3}{2} \cdot \frac{k_x^2 T_{\mathrm{e}}}{\omega_{\mathrm{pe}}^2 m_{\mathrm{e}}} + \mathrm{i}\frac{\pi}{2} \cdot \frac{\omega_{\mathrm{pe}}^2}{k_x^2} \cdot \left.\frac{\partial \tilde{f}_0}{\partial v_x}\right|_{v_x=\mathrm{Re}(\omega)/k_x}\right) \tag{6.60}$$

对麦克斯韦分布

$$\frac{\partial \tilde{f}_0}{\partial v_x} = -\left(\frac{m_{\mathrm{e}}}{T_{\mathrm{e}}}\right)^{3/2} \frac{v_x}{(2\pi)^{1/2}} \exp\left(-\frac{m_{\mathrm{e}} v_x^2}{2T_{\mathrm{e}}}\right) \tag{6.61}$$

于是，我们得到频率的虚部：

$$\gamma = -\left(\frac{\pi}{8}\right)^{1/2} \frac{\omega_{\mathrm{pe}}}{k_x^3 \lambda_{\mathrm{De}}^3} \exp\left(-\frac{1}{k_x^2 \lambda_{\mathrm{De}}^2} - \frac{3}{2}\right)$$

$$\approx -0.14\frac{\omega_{pe}}{k_x^3\lambda_{De}^3}\exp\left(-\frac{1}{k_x^2\lambda_{De}^2}\right) \tag{6.62}$$

由于 $\gamma<0$,因而是一种阻尼效应,这种无碰撞阻尼称为朗道阻尼。若 $k_x\lambda_{De}\ll 1$ 时,朗道阻尼较弱,但若 $k_x\lambda_{De}\sim 1$,即热速度与相速度相当时,则会出现明显的朗道阻尼。

6.4.3 朗道阻尼的物理解释

现在我们从物理上分析一下朗道阻尼的机理。从阻尼率的表达式

$$\gamma \propto \left.\frac{\partial \tilde{f}_0}{\partial v_x}\right|_{v_x=\omega/k_x} \tag{6.63}$$

可知,阻尼实际上只与速度 $v_x=\omega/k_x$ 的粒子有关,这些与波相速度相近的粒子称为共振粒子。因此我们可以认为,朗道阻尼是共振粒子与波相互作用的结果。

当分布函数在波相速度处具有负斜率,比如麦克斯韦分布时,频率的虚部为负值,对应着朗道阻尼。但是,若分布函数在波相速度处具有正斜率,则频率的虚部应为正值,这实际上对应着不稳定性,称为朗道增长。由于束的存在,电子的分布函数会出现如图 6.6 所示的双峰结构,出现了正斜率区,因而会出现不稳定性。

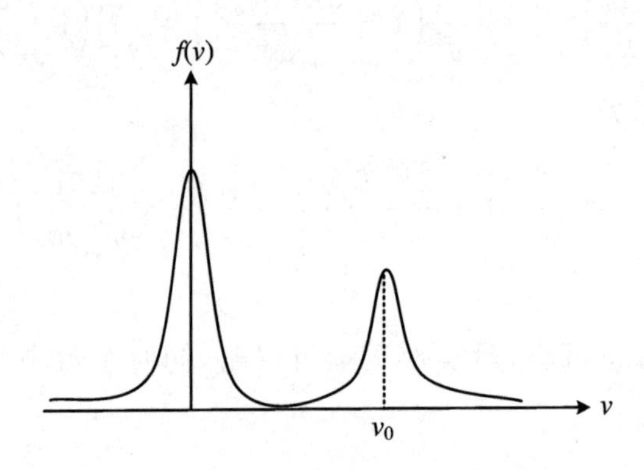

图 6.6 束等离子体双峰速度分布

朗道阻尼或增长的过程实际上是波与粒子直接的能量交换的结果。当波的能量转移到粒子时,波受到了阻尼而粒子得到了能量(加热或获得定向能量),反过来则是波动模式被激发。

波与粒子相互作用过程中可以产生能量交换的条件必须是波的相速度与粒子的速度相近,这样在随粒子运动的参考系中波动的电场变化缓慢,粒子可以充分地得到加(减)速,发生能量交换。冲浪运动员从波涛中获得能量是一个较好的图像,

运动员通过爬升来控制自己的速度始终与波浪同步。若相对于波的相速度，粒子速度太慢（如水波中的树叶）、太快（如海浪中的快艇）都不能产生这种效果。

为了给出朗道阻尼的图像，我们要明确数学上朗道阻尼导出的三个基本点：首先，朗道阻尼的推导的出发点是无碰撞的弗拉索夫方程，正是因为这种“无碰撞阻尼”与通常的碰撞过程导致阻尼的图像不一致，给朗道阻尼带来了理解上的神秘之处。其次，朗道阻尼是在线性情况下的推导结果，也即不考虑零阶粒子速度分布的变化。再次，朗道阻尼时是初值问题的解，即需要考虑时间起点。事实上，只要涉及波的增长或阻尼，数学上就必须用考虑时间起点的拉普拉斯变换替代求本征模式的傅立叶变换。

朗道阻尼仅与其速度与波相速度相近的“共振粒子”有关。在以波相速度运动的参考系中，波的电场是空间周期变化的静态场，共振粒子就是运动缓慢的粒子，其中比相速度慢的粒子作反向运动，比相速度快的粒子作正向运动。

朗道阻尼推导的物理图像是，在 $t=0$ 时刻，给定波场及粒子分布一个小扰动的初始状态，考察 $t>0$ 时波与粒子的能量交换情况。这就是所谓初始值问题的含义，也是考虑因果律问题的要点。我们知道，速度与相速度相差较大的粒子，给定时间内行走距离足够长，它们在波场中经历了重复的加速和减速过程，平均而言不参与波与粒子之间的能量交换。因此我们可以定义设在 $0<t<t$ 的时间间隔内，共振粒子是速度满足 $\left|v_x-\dfrac{\omega}{k_x}\right|>\dfrac{\pi}{k_x\Delta t}$ 的粒子，即其行走距离小于半个波长。

考虑等离子体中的一维静电波，在随波运动的参考系中，电场和粒子的相对运动情况如图6.7所示。共振粒子中既有比波相速度大的粒子（2、4类），也有比波相速度小的粒子（1、3类），粒子在空间上可能处于被加速的位置（1、2类），也可能处于被波减速的位置（3、4类）。具有相同速度的慢粒子，在波电场的作用下，1类粒子在

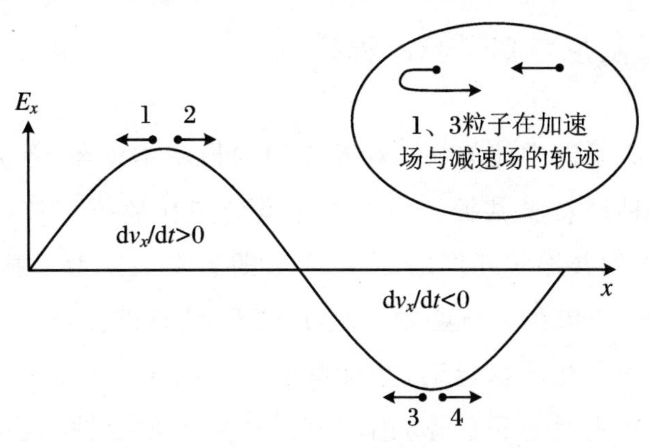

图6.7　波粒子相互作用的微观图像

实验室参考系中获得加速，而 3 类粒子则被减速。但由于 1 类粒子在随波运动的参考系中，速度方向由负变正，这个转向过程增加了粒子在加速波场中的停留时间，获得的能量较多；而 3 类粒子则持续减速直接离开减速波场区域，减少的能量较少，因此这两类粒子的平均效果是从波中获得能量。同样，具有相同速度慢粒子(2、4 类)平均而言给波提供能量。若粒子的速度分布在波相速度处的斜率为负，则 1、3 类粒子多于 2、4 类粒子，总的效果是波因能量损失而被阻尼。反之，则 2、4 类粒子多于 1、3 类粒子，因而波会获得能量而振幅增大。显然，速度分布在波相速度的斜率越大，这种阻尼率或增长率就越大。

从上面分析可以看到，波与粒子相互作用所导致的朗道阻尼确实不需要粒子之间存在碰撞效应就可以发生，线性朗道阻尼描述的情景是初始设定扰动状态后的"启动"效应($\Delta t \to 0$)。但随着 Δt 的增加，共振粒子持续减少，与相速度相差足够小的粒子会被波电场"捕获"，粒子的速度分布会在相速度处附近出现平台结构，平台的宽度与波的振幅直接相关。速度分布平台建立后，波与粒子能量交换过程就停止了。因此，这种图像并不能解释实验上观测到的持续波阻尼(或激发)的效应。

但若考虑粒子间存在很弱的碰撞过程，这时具有平台结构的速度分布就会产生速度空间的扩散输运，出现跨越平台的粒子流，粒子将持续获得(或损失)能量形成稳定的波阻尼(或激发)的效果。这种过程是自洽的，与碰撞频率的实际大小无关，碰撞频率低，则平台增宽，平台两侧的速度梯度相应增大，可以保持波与粒子的能量交换速率不变。由于实际的物理系统不能排除存在微弱的碰撞，即使在数值粒子模拟中也存在数值噪声造成的等效碰撞，这种非零碰撞效应的引入可以解释实验及数值模拟所广泛观察到朗道阻尼现象，其阻尼率只与共振速度处粒子的速度分布斜率相关，而与碰撞频率无关的基本特征。

6.4.4 离子朗道阻尼与离子声不稳定性

朗道阻尼是等离子体中波与粒子相互作用的最基本现象，等离子体中任何一种成分都可以产生这种波粒子共振。当离子速度分布在离子声波相速度处为负斜率时，离子也会与波发生共振相互作用，产生离子朗道阻尼。为了避免离子朗道阻尼，能够产生传播的离子声波的系统必须满足 $T_i \ll T_e$ 的条件。

若电子相对离子存在漂移运动，并且速度大于离子声速时，在离子声波的相速度处的电子速度分布则具有正斜率，因而可以产生不稳定性，这就是漂移运动产生的离子声不稳定性。

6.4.5 非线性朗道阻尼

若波的振幅足够大，波场的势与共振粒子的动能相当时，即

$$|q\varphi| = \frac{1}{2}m\left(\frac{\omega}{k}\right)^2 \tag{6.64}$$

波场可以俘获粒子，被俘获的粒子在波的势阱中以回跳频率

$$\omega_{\mathrm{B}} \mathrel{\widehat{=}} \left|\frac{q\varphi k^2}{m}\right|^{1/2} = \left|\frac{qkE}{m}\right|^{1/2} \tag{6.65}$$

不断反射，因而导致波的振幅出现频率为俘获粒子回跳频率的振荡，这就是考虑粒子俘获效应的非线性朗道阻尼效应。

思　考　题

6.1　粒子与德拜球内的粒子的相互作用本质上是多体的，为什么可以用一系列两体的库仑碰撞来处理？

6.2　为什么动量碰撞频率有别于能量碰撞频率，动量碰撞频率一定不小于能量碰撞频率吗？

6.3　式(6.17)所给出的等离子体电阻率与密度无关，你觉得这合理吗？

6.4　在等离子体中通上电流，可以通过欧姆加热效应使等离子体温度升高。但欧姆加热手段对高温（$T>1$ keV）等离子体不再适用，请考虑其原因及相关的过程。

6.5　建立双极电场的时间尺度是多少？

6.6　若在真空中放置两个电极，电极间通过的电流受到限制的因素有哪些？大电流开关多采用等离子体开关，为什么？

6.7　若插入等离子体中的金属电极表面涂上绝缘层，不收集电流，当电极电势足够负时，鞘层结构如何？会产生较厚的鞘层吗？

6.8　指出式(6.49)的非线性项。

6.9　考虑初始的粒子速度分布是麦克斯韦分布，当波出现朗道阻尼后，粒子的速度分布会发生什么样的变化趋势？

6.10　等离子体中的电磁波动模式能否产生朗道阻尼效应？

练　习　题

6.1　证明：$N_D \gg 1$ 条件与 $\rho_L \ll n^{-1/3}$ 是等价的。

6.2　设等离子体被环状磁场所约束，若在平行于磁场的方向上加上电场，则粒子将得到加速，由于碰撞，粒子在给定的电场中所得到的平均速度是有限的。但由于库仑碰撞频率与相对速度的3次幂成反比，因此，若粒子的初始速度足够大，则可以持续不断地得到电场加速而不产生碰撞，这种粒子（通常是电子）称为逃逸粒子。试分析一下出现逃逸电子的条件。

6.3　若等离子体中有两种离子成分，密度为 n_{i1}，n_{i2}。对 $n_{i1} \gg n_{i2}$ 的情况，给出双极扩散条件及各自的扩散流。

6.4　证明：玻姆鞘层判据保证了鞘层内离子密度始终高于电子密度。

6.5　若平面静电探针加上足够的负电位 V（相对等离子体电位）后，收集的饱和离子流密度为 $j = 0.5en_eC_s$，证明：探针鞘层的厚度可以写成

$$d = \left(\frac{128}{81}\right)^{1/4}\left(-\frac{eV}{T}\right)^{3/4}\lambda_{De} \approx 1.1\left(-\frac{eV}{T}\right)^{3/4}\lambda_{De}$$

的形式。

跋

这本《等离子体物理导论》是一册小书，她试图简明扼要地叙述等离子体物理的基本梗概。前后近三十年，她耗着我的青春，印着我的足迹，和着我的理想，吊着我的挂牵。在今夜封稿之时，我不禁长叹，问何故如此，又何苦来哉？且叙几款以纪之。

首先是我的宿命。我是恢复高考后的首届大学生，1978 年 3 月考入中国科学技术大学近代物理系。学校分配给我一个专业：等离子体物理。尽管从未听说过，但由此一定终身，我的本科、硕士、博士三个学位，在近代物理系十年一气呵成。1988 年 10 月 8 日，我与同学蒋勇联袂进行了博士学位论文答辩，有幸作为等离子体物理学科最早的两位博士被载入《中国博士学位论文提要(1981—1990)》，我与蒋兄戏言，我先尔答辩两时，应为中国等离子体物理博士第一人。自此，我对等离子体物理学科的归属与使命感变得十分清晰，由此义无反顾地毕业留校，事等离子体物理，一生矢志不渝。

其次是我的学校。中国科大等离子体物理专业成立于 1974 年，与中科院等离子体物理研究所的创建相配合，是中国科大“所系结合”理念在南迁安徽后的最早成果，也因此成为我国持续多年唯一的等离子体物理专业，对我国磁约束聚变事业的发展起到了基础性的作用。中国科大最早建立了等离子体物理学科人才的培养体系，“等离子体物理导论”是其设定的等离子体物理专业最重要的专业基础课程。值得自豪的是，自 1999 级起，中国科大近代物理系将“等离子体物理导论”确定为系定必修课，本科修读学生每年超过 100 人；到了 2000 年，中国科大理学院实体化之初，其教学委员会经过激烈的讨论，认定等离子体物理在物理学知识体系中与固体物理的地位相当，由此决定自2002级起，将“等离子体物理导论”提升为学院所有物理学学生的必修课程，每年本科修读的学生近200人，这是中国科大等离子体物理学科人才培养的高光时刻。遗憾的是，由于学校结构调整、学制缩短、学分减少诸多因素，数年后“等离子体物理导论”又回到了原来的专业基础课程地位。尽管如此，我的学校同仁对等离子体物理的理解和喜爱是空前绝后的，具有历史记载的价值。

再次是我的经历。我是从1995年开始主讲“等离子体物理导论”的，参与和见证了我校等离子体物理基础课程变革发展的全部过程。讲授对象先是等离子体物理专业的本科学生及相关研究生，后来是全系的学生及相关研究生，再后来是全学院的物理学专业学生及相关研究生。除课堂人数次第增多外，教学目标的变化使得教学组织与讲授方式都面临着不断革新的需求，我每每感觉如履薄冰。2006年是我最后一次讲授此课，由于兼任系主任及后来物理学院执行院长的职务，我忍痛放弃了这门课程的主讲。尽管后来我一直保持着“电动力学”本科教学任务，但“等离子体物理导论”这种小众领域的大课堂还是我多年来回味无穷的地方。

又次是我的写作。这本《等离子体物理导论》是由课程讲义渐次加工而成。1995年8月，我完成讲稿，其主要参考书包括：F. F. Chen所著的《Introduction to Plasma Physics》，T. H. Stix所著的《The Theory of Plasma Waves》，马腾才、胡希伟、陈银华所著的《等离子体物理原理》，徐家鸾、金尚宪所著的《等离子体物理学》，R. A. Cairns所著的《Plasma Physics》，雷源汉、姜新英、王敬芳所著的《等离子体动力学》，叶公节、刘兆汉所著的《电离层理论》，A. Hasegawa所著的《Plasma Instabilities and Nonlinear Effects》，项志遴、俞昌旋所著的《高温等离子体诊断技术》，R. N. Franklin所著的《Plasma Phenomena in Gas Discharges》等。2002年1月，经过多轮专业基础课程讲授后，我完成了《等离子体物理导论》讲义并刊印160份。2002年9月，在作为近代物理系本科基础课程讲授一轮后，我完成了讲义的第一次修改稿并刊印160份。2004年9月，在多次大课堂讲授的基础上，我完成了讲义的第二次修改稿并刊印300份。2006年9月，在对理学院、少年班学院物理类学生进行两轮讲授后，我完成了讲义的第三次修改稿并刊印300份。讲义经过前后四次改稿，刊印近千份，受教学生少有指摘，多有好评。同时，这本讲义自成稿起就一直作为公共教学资源流传于网络，不少校外学生及青年学者表示曾经研读此书并有所受益，据传，她已成为学习等离子体物理重要的中文入门书籍之一。每念及此，我都百感交集，这是我时至今日还愿重出江湖，努力公开出版此书的重要动力。

复次是我的风月。近年来，我每日以七言句记事述志，闲暇间，不免以等离子体为物而歌之，前后得十咏，值此书稿将竣，且附之以博读者一笑。其一曰等离子体：混沌电出新乾坤，亚当夏娃始库仑。离分纠缠两性美，韵律三千言必群。其二曰德拜屏蔽：正负离子尽自由，本能消电小泄漏。屏蔽时空尺度出，纷乱逸来万花楼。其三曰库仑碰撞：作用长程何碰撞，德拜作尺勉相商。球内短距两体事，余绪在外说波汤。其四曰朗道阻尼：阻尼如何无碰撞，波动熵增粒子偿。设若粒子不改色，碰撞乱性难躲藏。其五曰回旋运动：洛伦兹力本回旋，磁约束辞首开篇。频率圆径时空尺，半依外场半遗传。其六曰漂移运动：回旋破缺逢他力，直推横行称漂移。磁场弯曲梯度压，百般等效不稀奇。其七曰逆磁漂移：直柱磁场压力梯，电子环流凭漂移。径向平衡逆磁出，自生自洽两相宜。其八曰双极扩散：离子蠢笨电子矫，梯度驱动携手逃。若即若分牵场线，扩散不忍感情抛。其九曰等体鞘层：参数突变电场生，中性破坏出鞘层。德拜作尺厚薄定，边界截速离子声。其十曰有质动力：高频外场捕离子，压强动量耦电磁。空间不均推力出，有质皆受一无奇。

三十年苦乐自知。中国科学技术大学出版社不以此稿鄙陋，执意推陈出新，编辑姚硕女士催督柔而有力，终使《等离子体物理导论》延误未多而付之梨枣，谨鞠躬谢之。书虽小出版皆大事，尽管诚惶诚恐以待，不免存错讹之处，祈盼读者莫以为意，且笑且珍惜。是为跋。

二零二三年一月八日夜，刘万东草于庐州梦园